环境规制与资源型产业绿色技术创新

王 艳 著

中国财经出版传媒集团
经济科学出版社
Economic Science Press
·北京·

图书在版编目（CIP）数据

环境规制与资源型产业绿色技术创新 / 王艳著.
北京：经济科学出版社，2025.6. -- ISBN 978 - 7 - 5218 - 7024 - 4

Ⅰ. X32；F124.5

中国国家版本馆 CIP 数据核字第 2025XM4127 号

责任编辑：吴　敏
责任校对：蒋子明
责任印制：张佳裕

环境规制与资源型产业绿色技术创新
HUANJING GUIZHI YU ZIYUANXING CHANYE LÜSE JISHU CHUANGXIN
王　艳　著
经济科学出版社出版、发行　新华书店经销
社址：北京市海淀区阜成路甲 28 号　邮编：100142
总编部电话：010 - 88191217　发行部电话：010 - 88191522
网址：www.esp.com.cn
电子邮箱：esp@esp.com.cn
天猫网店：经济科学出版社旗舰店
网址：http://jjkxcbs.tmall.com
北京季蜂印刷有限公司印装
710×1000　16 开　14.5 印张　210000 字
2025 年 6 月第 1 版　2025 年 6 月第 1 次印刷
ISBN 978 - 7 - 5218 - 7024 - 4　定价：58.00 元
（图书出现印装问题，本社负责调换。电话：010 - 88191545）
（版权所有　侵权必究　打击盗版　举报热线：010 - 88191661）
QQ：2242791300　营销中心电话：010 - 88191537
电子邮箱：dbts@esp.com.cn

前言

高质量发展是全面建设社会主义现代化国家的首要任务。目前，中国处于经济高质量发展的攻坚期，矿产资源作为国民经济和社会发展的重要物质基础，在推动矿业绿色发展、转变矿产资源利用方式方面关系到我国产业的高质量发展。然而，由于矿产资源的稀缺性与可耗竭性，矿产资源开采与利用过程中不可避免地存在环境外部性与代际外部性问题，形成了产业高质量发展的刚性约束。特别是在资源管理领域，资源产权制度的不合理加剧了开采企业的短期行为，加之过度进入和无证开采、偷采盗采等现象仍然存在，矿产资源产业集约化、规模化发展不足，资源型产业的绿色发展是亟待解决的中心问题。绿色技术创新是推动产业绿色发展的基础，但在负外部性影响下，绿色技术创新具有公共产品属性，企业缺乏开展绿色技术创新的内在激励；此外，资源型产业的负外部性特征和资产产权特性也意味着市场机制难以有效改善企业绿色技术创新激励不足的问题，需要政府规制予以干预。

本书认为，政府相关规制要立足于资源型产业的基本特性，特别是要处理好负外部性与绿色技术创新之间的关系。负外部性既是绿色技术创新的诱发因素，也是制约因素，同时还是绿色技术创新的最终落脚点。环境规制作为政府缓解负外部性的有效措施，对绿色技术创新具有重要作用，但国内外针对环境规制与绿色技术创新关系的研究结论并不一致，环境规制的不稳定性、环境规制不同种类的效应以及叠加效应的不确定性等对资源型产业的绿色技术创新究竟会产生何种影响，仍需要深入探讨。此外，在资源型产业的绿色发展过程中，仅研究环境规制是远远不够的。作为矿产资源管理的重要手段，矿业权规制对资源型企业绿色技术创新行为的影响不容忽视。矿业权的安全性、期限长短以及所有制结构等均会作用于资源型企业绿色技术创新的预期收益和行为选择。然而，现有研究却鲜少涉及这一领域，更没有从环境规制和矿业权配置角度给出激励资源型产业绿色发展的有效实施方案。

基于此，本书考虑负外部性因素，对矿业权配置、环境规制与资源型产业的绿色技术创新进行深入研究。本书在现代产业组织理论的结构—行为—绩效（SCP）研究范式基础上，构建规制—结构—行为—绩效（R-SCP）的闭环型理论框架，运用演化博弈方法和微观经济理论等构建相关理论模型，探讨不同政府规制对资源型企业绿色技术创新的影响。本书在分析资源型产业绿色技术创新、矿业权配置以及环境规制存在的问题基础上，首先将负外部性以企业成本的形式纳入绿色技术创新效率评估；进而将相关影响因素分解为矿业权配置与环境规制；之后构建采矿权安全性、价格型环境规制工具和数量型环境规制工具等与绿色技术创新关系的理论模型，并进行实证检验；最后，以环境税作为政府规制实践的典型，探讨不同污染物类型的环境税率对绿色技术创新的影响，提出相应的政策建议。

本书的主要结论如下。

第一，通过对资源型产业的绿色技术创新、矿业权配置以及环境规制现状与问题的分析发现，尽管政府采用各种政策鼓励资源型产业的绿色技术创新，但技术创新水平仍然不足，产业效率普遍较低，特别是绿色生产技术与资源综合利用技术的研发速度较慢。而在政府规制方面，一方面，矿业权配置与交易过程中存在不均衡、不稳定以及不安全等问题，加剧了资源型产业绿色技术效率差、绿色技术创新动力不足的问题；另一方面，环境规制也存在着规制工具对绿色技术创新的作用方向不一致、不确定以及各类政策叠加效果无法明确等问题。在这种情况下，政府规制不仅难以发挥对绿色技术创新的促进作用，反而可能造成政策效果"非此即彼"或"过犹不及"，甚至导致更为严重的外部性以及绿色技术创新不足等问题。

第二，本书运用外部性理论，计算环境的完全外部性成本，进而将外部性成本内部化，纳入绿色技术创新效率的评估模型，同时计算非期望产出的绿色技术创新效率。结果发现，资源型产业的外部性成本和绿色技术创新效率均具有较大的产业差异，负外部性成本对绿色技术创新具有明显的抑制作用，如果在绿色技术创新效率评估中不考虑该因素，则会高估资源型产业的绿色技术创新水平。

第三，考虑国有企业在矿业权获取上的先天优势，分析资源产权配置的所有制结构对绿色技术创新的影响。结果发现，国有企业作为政府干预经济的重要手段，具有开展绿色技术创新的内在动力，国有产权对资源开采业的绿色技术创新激励较为显著；而非国有产权对资源加工业具有绿色技术创新的促进效应。国有产权对能源产业、非能源类开采业的绿色技术创新产生积极的促进作用，而对非能源加工业的作用则恰恰相反。这说明矿产资源种类影响资源型产业的所有制结构与绿色技术创新之间的关系，而矿产资源种类的差异可能通过资源储量、资源开采工艺等因素作用于矿业权安全性与采矿权期限。

第四，本书将矿业权安全性作为影响采矿企业绿色技术创新行为的关键因素，构建政府规制和采矿企业绿色技术创新的动态演化博弈模型，以及采矿权国有企业和采矿权私有企业绿色技术创新的 L-V 模型，并开展仿真分析。结果发现，采矿权的不安全性对采矿企业的绿色技术创新具有倒逼作用，随着研发投入的增加和研发周期增长，企业的绿色创新动力不断降低。当采矿权安全性较高时，研发投入较低（或较高）都不足以激励采矿企业开展绿色技术创新，需要与政府规制形成政策合力，才能推动创新发展；当采矿权安全性较低时，辅以研发周期或研发投入的影响，采矿企业可能产生绿色技术创新行为；当采矿权安全性处于中等状态时，对绿色技术创新的激励不断降低。进而在采矿权安全性中等的假设下，对采矿权交易数据按照矿权期限分组模拟发现，研发增长率对绿色技术创新的影响不受采矿权期限的影响，而技术影响因子则受矿权期限影响较为明显；相比大型矿权与小型矿权，中型矿权的国有矿权企业创新能力更强，创新积极性也更高。

第五，考虑到环境规制工具种类对绿色技术创新影响的异质性和不确定性，本书基于利润最大化构建价格型与数量型环境规制的绿色技术创新影响理论模型，并分别采用全行业企业数据、采矿业企业数据以及省级加总数据开展实证研究。结果发现：当不考虑绿色技术创新时，环境税影响下企业更倾向于降低产出以减少污染排放，而总量控制下企业则更倾向于通过末端治理实现减排；当考虑环境规制的绿色技术创新效应时，绿色技术进步的程度会直接影响环境规制工具的污染减排方式，但从总体来看，相比市场型规制工具，管制型规制工具更有利于提高绿色技术创新。

第六，本书以中国环境税实践为例，区分废水税率与废气税率，计算资源型产业最优税率，分析最优环境税率水平与绿色技术创新的关系。结果发现，中国资源型产业环境税的执行税率不足以弥补环境污染成本，水污染的最优税率是现执行税率的 15 倍，大气污染最优税率是现执行税率的约 1.1 倍；大气污染税率存在对绿色技术创新影响的最优税率，但是现执行税率却远低于该最优税率，水污染税率不存在对绿色技术创新影响的最优税率，不仅如此，中国水污染的现执行税率还处于对绿色技术创新影响的负效应阶段。

双重外部性加剧了资源型产业对绿色技术创新的迫切需求，矿业权配置和环境规制通过影响资源型企业未来预期与成本结构作用于绿色技术创新，以绿色技术进步逐渐缓解双重外部性。本书通过构建针对绿色技术创新的 R-SCP 闭环型研究框架，以矿业权配置和环境规制为主线，深入分析影响绿色技术创新的关键因素。本书强调负外部性成本内部化对绿色技术创新的抑制作用；同时，为了有效发挥矿业权配置和环境规制对绿色技术创新的激励作用，细化矿业权安全性和所有制结构、环境规制工具种类，以及不同污染物排放种类的环境税率水平等与绿色技术创新之间的关系研究，为构建中国资源型产业绿色技术创新激励政策体系提供了思路。

尽管政府已经针对产业的绿色技术创新颁布了多种激励措施，但要想实现中国资源型产业的绿色技术创新与转型升级，需要以资源型产业的基本特征为立足点，系统性地整合相关产业政策与规制手段，厘清绿色技术创新的激励因素与抑制因素，化解不同政策与规制措施对绿色技术创新异质性影响的不确定性，以强化产业政策与规制措施的协调与配合，发挥政策合力，完善绿色技术创新激励体系。此外，为了缓解资源型产业的双重负外部性，政府还需要不断探索资源产权与环境产权制度，明确产权界限和交易基础，强化资源与环境产权市场的进入规制对企业绿色技术创新的作用。

目录

第1章 导论 ··· 1
  1.1 问题的提出 ·· 1
  1.2 研究目的与意义 ·· 3
  1.3 相关概念界定 ·· 6
  1.4 研究内容 ·· 10
  1.5 研究思路和技术路线 ·· 13
  1.6 创新点 ·· 15

第2章 理论基础与文献综述 ······································· 17
  2.1 可持续发展理论回顾 ·· 17
  2.2 资源耗竭、环境外部性与经济增长 ···························· 18
  2.3 矿业权配置与外部性 ·· 19
  2.4 外部性与环境税 ·· 22
  2.5 资源环境政策与外部性改善 ·································· 25
  2.6 资源环境政策与技术创新 ···································· 28
  2.7 其他有关绿色技术创新的研究 ································ 33
  2.8 文献评述 ·· 36

第3章 中国资源型产业发展现状及问题分析 ······················· 38
  3.1 资源型产业的经济地位 ······································ 39
  3.2 资源环境双重外部性问题突出 ································ 43
  3.3 技术发展现状及问题分析 ···································· 46

3.4 矿业权市场的发展与问题分析 …………………………………… 52
3.5 环境规制现状及问题分析 ………………………………………… 60
3.6 本章小结 …………………………………………………………… 64

第4章 中国资源型产业绿色技术创新的 R-SCP 理论框架 …… 66
4.1 SCP 范式的发展与演变 …………………………………………… 66
4.2 中国资源型产业绿色技术创新的研究思路 …………………… 70
4.3 闭环型 R-SCP 理论分析框架 …………………………………… 74
4.4 本章小结 …………………………………………………………… 79

第5章 考虑双重外部性成本的绿色技术创新效率 ……………… 80
5.1 研究方法与指标选择 ……………………………………………… 82
5.2 双重外部性的计算 ………………………………………………… 85
5.3 绿色技术创新效率测算结果 ……………………………………… 89
5.4 对比分析 …………………………………………………………… 91
5.5 本章小结 …………………………………………………………… 95

第6章 资源产权配置、环境规制与绿色技术创新 ……………… 97
6.1 资源产权所有制配置的绿色技术创新影响机制 ……………… 99
6.2 模型设定 …………………………………………………………… 101
6.3 实证结果分析 ……………………………………………………… 103
6.4 本章小结 …………………………………………………………… 114

第7章 采矿权安全性对企业绿色技术创新的影响研究 ………… 115
7.1 采矿权安全性的界定 ……………………………………………… 116
7.2 采矿权安全性对绿色技术创新的影响机制 …………………… 118
7.3 模型建立 …………………………………………………………… 122
7.4 仿真模拟分析 ……………………………………………………… 132
7.5 本章小结 …………………………………………………………… 139

第8章 环境规制工具对企业绿色技术创新偏好的影响研究 …… 140
8.1 理论模型 …………………………………………………………… 142

8.2　多层次嵌套 logit 模型构建 ………………………………… 149
　8.3　实证结果分析 ………………………………………………… 153
　8.4　采矿企业数据的实证结果分析 ……………………………… 158
　8.5　基于加总数据的稳健性检验 ………………………………… 162
　8.6　本章小结 ……………………………………………………… 168
第9章　最优环境税率对绿色技术创新的影响研究 ………………… 170
　9.1　资源型产业的最优环境税率计算 …………………………… 171
　9.2　最优环境税率对绿色技术创新影响的门槛效应 …………… 173
　9.3　本章小结 ……………………………………………………… 178
第10章　结论与政策建议 ……………………………………………… 180
　10.1　结论 ………………………………………………………… 180
　10.2　资源型产业绿色技术创新的规制设计 …………………… 184
　10.3　政策建议 …………………………………………………… 188
　10.4　研究不足与展望 …………………………………………… 193
参考文献 …………………………………………………………………… 195
后记 ………………………………………………………………………… 219

第1章 导　论

1.1　问题的提出

"十四五"时期是推进生态文明建设和经济高质量发展的攻坚期。在矿产资源领域，转变资源利用方式、推动绿色发展是推动产业高质量发展的关键抓手。矿产资源是国民经济和社会发展的重要物质基础，推动矿产资源所有权与使用权分离、完善产权制度、推进矿业权竞争性出让是中国自然资源资产产权制度改革的重要内容。2019年7月，自然资源部发布《关于开展省级矿产资源规划（2021—2025年）编制前期工作的通知》，要求将矿业绿色发展、矿产资源节约集约利用等作为重大关键问题，并深化研究矿业权设置区划、高质量发展等，这也说明了绿色发展在矿产资源产业转型发展中的重要作用。

随着工业化、城镇化进程加快和消费结构持续升级，能源需求刚性增长，资源环境问题成为制约中国经济社会发展的瓶颈之一。由于矿产资源本身的可耗竭性特征以及长期粗放式开采与利用等问题，矿产资源产业的代际负外部性和环境负外部性特征明显，产业发展的资源与环境约束更加严重。对于企业而言，在采矿权有效期限内实现资源开采量最大化是降低成本的理性决策，而中国资源产权定位不清晰、不稳定、不明确以及产权的安全性等问题却成为企业滥采乱挖、过度开采的制度因素，这些都加剧了资源耗竭和生态环境问题。

面对日益严峻的资源环境约束问题，转变中国高能耗、高成本、高污染的传统产业发展模式，推动产业转型升级具有现实的必要性和紧迫性。

但是，近年来，随着全球矿产资源开采领域持续扩展，资源开采难度不断加大，各国都十分重视资源开采技术的创新。改革开放以来，中国经济实现了40多年的高速增长，但传统的粗放式发展也付出了极大的资源与环境代价，资源型产业不论是开采还是加工都存在严重的资源浪费，以及低技术水平和低效率等问题，主要体现在资源开采较为分散，技术水平低，开采的集约化、规模化不足，资源相关产业发展落后，深加工转化不足等诸多方面，资源型产业转型升级任重道远。

绿色技术创新与技术升级是产业转型升级的基础，然而，绿色技术创新对环境与代际负外部性的积极作用使其具有公共产品属性。企业创新一般会导致成本上升，作为追求利润最大化的理性个体组织，企业缺乏开展绿色技术创新的内在激励。资源型产业的双重负外部性、产权特性等也意味着市场机制无法自发改善企业技术创新激励不足的问题，需要施加外部力量作用于资源型产业（企业）的创新资源配置和绿色技术创新行为。如果能够以政府规制改变产业发展模式，约束产业的资源与环境行为，发挥绿色技术创新对产业转型的基础性驱动作用，这将具有时代发展的现实必要性，有利于缓解矿产资源耗竭，提高采矿业整体环境状况，符合战略性资源产业可持续发展要求。

基于市场竞争无法完全解决中国矿产资源企业绿色技术创新问题的现实，要想消除双重负外部性，需要深入分析政府规制工具与产权制度对绿色技术创新的作用机理。产权制度具有约束经济个体与政府之间关系的契约作用，矿产资源产权制度改革具有完善政府管理行为、改变企业过度开采的内在作用；而环境规制是政府约束企业污染排放行为并促进节能减排的重要途径，具有绿色技术创新的激励作用。如果能够同时发挥产权制度与环境规制的作用，并激发资源型产业的绿色技术创新，则可以优化资源开采，解决资源型产业的环境外部性问题，推动资源型产业的转型升级。因此，通过产权制度和环境规制实现内部激励与外部推动力双向并举，最大化激发企业绿色技创新动力，是实现资源型产业绿色转型发展的有效途径。

理论上，在矿产资源的开采中，技术创新可以通过提高产品附加值和生态环境修复能力，最终解决环境污染、减少生态破坏、实现环境规制效果；同时，环境规制又通过强制或激励作用，改变企业创新策略与行为选择。强制性环境规制工具通过对企业形成生存压力，倒逼企业进行绿色减排技术研发；而激励性环境规制工具则通过正向激励促进企业研发，所以企业到底选择绿色技术创新，还是承担环境规制，取决于环境规制强制性压力与激励性动力的净效应。而产权的安全性、产权期限以及产权结构等均会对企业绿色技术创新的预期收益产生影响，可能对企业技术创新形成正向激励，也可能产生限制性压力。但是，在现有环境规制和产权制度情况下，政府激励机制与强制机制无法有效推动企业绿色创新，通过企业绿色技术创新来实现产业转型升级和可持续发展任重道远，现有研究没有给出有效的实施方案。

因此，要从根本上解决资源型产业双重负外部性问题，激发企业绿色技术创新积极性，就需要将理论研究与中国实践相结合，通过对中国资源型产业政策和规制工具的深度研究，构建有效的绿色技术创新激励政策体系。具体而言，考虑双重负外部性成本的内部化问题，重新审视负外部性成本对绿色技术创新的影响；同时，产权制度具有重要作用，以环境规制和矿业权配置为研究主线，对影响企业绿色技术创新的采矿权安全性、环境规制工具、所有制结构等重要因素进行深入分析，重点探究环境规制工具与矿业权配置对绿色技术创新的偏向性效应问题，并据此提出激励资源型产业绿色技术创新的政策建议，为矿产资源产业绿色发展与转型升级提供参考。

1.2 研究目的与意义

1.2.1 研究目的

本书的研究立足于资源型产业绿色发展与转型升级，以包含负外部性成本的绿色技术创新为研究基础，分别构建矿业权配置因素和环境规制与绿色技术创新关系的理论模型并进行实证检验，进而提出资源型产业绿色技术创新激励的政策体系。本书的研究目的如下。

第一，深入分析中国资源型产业的绿色技术创新问题、矿业权特征以及环境规制现状，探讨资源型产业绿色技术创新激励不足的制度因素，为后面的研究奠定基础。

第二，以完全外部性成本的内部化为切入点，研究资源型产业的外部性成本对绿色技术创新的影响。

第三，理论模型推导与实证研究相结合，分析矿业权所有制结构、采矿权安全性以及环境规制强度与规制工具种类对绿色技术创新的影响。

第四，以中国环境税实践为现实基础，计算完全外部性成本的资源型产业最优税率，说明绿色技术创新激励的理论最优税率与实践税率的差异。

第五，基于理论与实证分析，构建资源型产业绿色技术创新的矿业权配置和环境规制体系，为资源型产业绿色发展与转型升级提供政策建议。

1.2.2 理论意义

由于目前关于资源型产业的矿业权特征与绿色技术创新的关系研究，以及基于完全负外部性成本的绿色技术创新效率的相关研究等仍然较少，本书期望能在以下几个方面作出些许贡献。

一是构建政府规制、资源型产业市场结构与所有制结构、绿色技术创新行为以及绿色技术创新绩效的 R－SCP 闭环型理论框架，为本书的分析奠定理论基础。

二是将完全负外部性成本纳入绿色技术创新效率的评估模型和最优环境税率计算模型，以更准确地评估负外部性问题对绿色技术创新的影响，分析最优环境税率对绿色技术创新的影响效应。

三是将采矿权安全性纳入企业绿色技术创新的理论模型，找出采矿权不同安全性等级对企业绿色技术创新的作用。

四是构建环境规制工具与绿色技术创新类型的关系模型,分析环境规制工具对绿色技术创新的偏向性影响。

1.2.3 应用价值

本书主要研究矿业权配置与环境规制对中国资源型产业绿色技术创新的影响。这一研究立足于中国矿产资源管理现实状况与产业的绿色转型升级需要,通过理论与实践相结合的研究,有利于厘清资源型产业的产业政策与政府规制效应与绿色技术创新的正负向关系,系统性地看待政府干预对资源型产业绿色转型升级的影响,并最终落脚于绿色技术创新的政策体系构建,具有可行的应用价值。

本书虽然是研究资源型产业的绿色技术创新问题,但却从多方面为政府提供参考。首先,为了研究矿业权配置对绿色技术创新的影响,本书在现状与问题部分,以及后面的理论和实证检验中均对中国矿业权配置问题进行了深入分析,政策建议部分同样为完善中国矿产资源管理提供了参考意见。其次,环境规制的直接目标是污染减排控制,进而通过作用于绿色技术创新,间接降低污染。事实上,由于中国环境政策的制定与实施并不属于单一部门,而是涉及多部门和多层级,多种规制手段与不同性质的规制工具在具体实施中不可避免地存在很多问题。本书对不同环境规制工具的研究不仅适用于绿色技术创新,对政府环境管理同样具有适用性,有利于不断完善中国环境管理政策体系,促进环境规制效应一致性和最大化。最后,本书强调绿色技术在环境与资源管理中的重要作用,并认为应该提高技术标准在矿业权交易中的地位,为提高资源型产业的可持续发展管理水平提供了思路。

综合来看,以上这些共同为资源产权制度改革与环境规制工具的叠加使用提供了建设性意见,是推动中国资源型产业绿色技术创新与产业转型发展的政策参考。

1.3 相关概念界定

1.3.1 资源型产业

矿产资源的耗竭性包括资源相对数量的减少以及绝对质量的降低。作为经济发展的基础性物质来源,在现有资源使用技术与市场需求条件下,如果新的替代资源无法确保在矿产资源耗竭之前实现替代,矿产资源的使用速度将超过更新速度;随着矿产资源的过度开采与过度消耗,此类矿产资源会面临绝对质量降低的问题。在当前技术水平下,考虑到资源开采与使用的经济性,短期利益驱使矿业企业对矿产资源的粗放式开采与利用,造成了严重的生态破坏与环境污染,形成了环境负外部性。本书认为,矿产资源的代际负外部性与环境负外部性不仅来源于矿产资源开采,还来源于矿产资源加工与使用过程中的加工能力、综合利用能力与废弃物排放水平等因素。因此,本书的研究对象聚焦于矿产资源产业链,即煤炭、油气以及各类金属与非金属等矿产资源相关的开采、加工等产业,具体为《国民经济行业分类标准》(GB/T 4754-2017)中的采矿业(06~11)、制造业(25、30~33),以及电力、热力等生产和供应业(44~45)。

1.3.2 绿色技术创新

对于资源型产业而言,产业转型升级的基础不仅是绿色技术创新,还应该包括替代技术的发展;既能够缓解环境外部性,还要有利于消除代际外部性,延长资源消耗时间,实现代际公平,即实现绿色转型升级。

转变高投入、高消耗和高污染的经济增长方式,以低投入、低消耗以及低污染的方式追求资源的有序利用和良好的生态环境,是资源型产业转型升级的有效路径。从技术层面来看,以绿色高效技术提高能源与资源使用效率、

第1章
导　论

减少污染产生与排放的绿色发展是推动可持续发展的可行方案。一方面，通过技术提高资源开采效率、使用效率和回采率，延长可开采年限，缓解资源的代际负外部性；另一方面，通过绿色技术创新降低资源开采与加工过程中的生态破坏以及污染物排放，实现生态负效应最小化，解决环境负外部性问题，以绿色技术创新推动资源型产业转型发展是缓解双重负外部性，实现资源型产业可持续发展的重要方式。

然而，通过对国内外相关文献的研究可以发现，大部分研究对绿色技术创新概念的界定比较模糊，导致这种结果的原因主要是产业特征。资源型产业的负外部性特征是显而易见的，但专门针对该产业负外部性问题的绿色技术创新研究却并不多。可能的原因是：很多学者认为采矿业之外的资源型产业属于制造业范畴，与其他制造业并无本质不同；采矿业的资源代际负外部性问题不仅涉及现有技术的升级，还需要考虑替代技术对资源耗竭性的影响，而绿色技术创新更多的是针对环境负外部性。但是，不管产业特征如何，绿色技术创新很重要的一个标准是降低负外部性，即使一种技术提高了产出效率，也并不意味着污染物产出率与产出效率同增同减。

熊彼特创新理论将"创新"归纳为采用一种新的产品、采用一种新的生产方法、开辟一个新的市场、获得或控制原材料的新供应来源以及采用一种新的工业组织五种情况。本书认为，在资源型产业中，绿色技术创新不应局限于生产工艺的改进。从资源开采的过程来看，生产工艺改进与流程创新都是绿色技术创新的重要类别，从污染源头治污可以减少资源浪费和能源消耗。比如，在稀土尾矿的综合利用中，白云鄂博开展浮选、磁选等选矿工艺创新，将稀土精矿的稀土氧化物处理率提高到50%以上，回收率达到70%以上，在很大程度上提高了资源利用效率[1]。而从负外部性的解决方式来看，资源型产业污染废弃物的处理是实现环境改善的重要途径，但污染废物的减少不仅

---

[1] 工艺创新圆稀土尾矿高效综合利用之梦［EB/OL］．中国矿业报网．（2019－11－19）http：//www.zgkyb.com/hr/20191111_59886.htm．

出现在末端治理中，在生产过程中降低污染物产出同样可以达到污染减排的效果，因此，污染治理技术和清洁生产技术同样是绿色技术创新的内容。此外，随着各类现代技术的推广与使用，互联网、大数据、人工智能等对资源型产业发展的影响越来越深远，不仅带动清洁生产技术的产生，还促使资源型产业形成新的发展模式。比如，光汇石油集团的"互联网+石油全产业链"产业发展模式就是借助互联网技术实现创新的典型，能提高传统石油行业运营效率，并带动产业转型升级发展。另外，绿色矿山建设也是缓解双重负外部性的重要创新。这类创新突破了矿产资源型企业的发展范畴，从产业层面和社会层面将绿色发展作为一个整体系统，以产业链整体优化形成产业转型升级的推动力。

1.3.3 政府规制与环境规制

（1）政府规制

规制是指个人或机构对经济主体活动所采取的限制、监管与干预等活动。根据植草益（1992）对政府规制的界定，政府规制的实施主体是社会公共机构，可以是政府立法、执法机构或行政管理机构，也可以是经济主管部门或协调部门；实施客体是以个人或经济组织为主的行为或活动，实施过程要遵循一定的规则、方法与指导方案。简言之，由政府部门实施的规制称之为政府规制。根据实施监管或管制的目的或实施方式，可以将规制划分为不同的类型。其中，如果政府规制以法律的方式直接作用于经济主体的决策以达到中止、阻碍或防止出现某类经济结果的目的，则称之为直接规制，比如反垄断规制；反之，如果政府规制不直接作用于经济主体的决策和行为，旨在发挥市场机制的有效性，以引导或形成稳定的竞争秩序为目的，则称之为间接规制。当经济活动因存在自然垄断等因素而导致市场不完全竞争，并影响资源配置效率时，往往需要政府采取经济性规制措施，对企业的进入与退出市场、产品与服务价格以及其他相关事项进行规制，以确保资源配置效率与消

第1章 导 论

费者利益。而当正在发生或已经发生消费者安全健康威胁、自然资源破坏和环境污染以及灾害等时，则需要采取社会性规制手段，对产生此类问题的各种活动或行为进行管理、限制与禁止。

对于中国资源型产业而言，由于资源产权归国家或集体所有，采矿业的产权分配与获得具有行政垄断性质，而能源资源的生产与供应等相关产业又具有明显的规模经济与范围经济特征，自然垄断的市场结构反而能够提高经营管理效率。因此，资源型产业普遍存在不完全竞争现象，这也是导致资源型产业的绿色技术创新绩效不足且创新动力缺乏的重要原因之一。要想解决这一问题，一方面，政府可以采取间接规制方式影响资源型企业的创新市场环境，调整创新市场的资源配置，但这不属于本书的研究范围；另一方面，政府采取直接规制方式调整资源型产业的市场进入与退出方式，比如放松产权的进入规制、提高进入规制的绿色技术水平门槛等。故本书所指的政府规制，主要是指为了改变资源型产业垄断竞争所带来的绿色技术创新低效率问题，政府所采取的影响企业进入退出行为、生产经营行为以及绿色技术创新行为的规制方式。

（2）环境规制

托马斯·思德纳（2005）认为，环境规制工具的出现是因为在解决环境问题时存在市场失灵与政策失灵，而造成市场失灵与政策失灵的一个主要原因则在于产权。由于矿产资源具有可耗竭性，中国经济快速发展带来的过度开采使得在没有可替代品或替代技术不成熟时，资源的负代际外部性加剧。同时，在资源的开采与加工利用过程中存在严重的生态环境破坏和废弃物排放，环境负外部性同样不容忽视。而资源产权的不完备与不安全等问题影响了企业开采与生产行为预期收益的不确定性，加剧了资源型产业负外部性的产生，这也反映了上述产权与市场失灵和政策失灵之间的关系。资源型产业在环境问题上的低效率难以通过政府经济性规制手段解决，为了有效缓解与消除资源型产业负外部性，需要政府采取社会性规制手段。因此，本书的环境规制主要是指有针对性地解决市场失灵与政策失灵问题的社会性规制手段，包括政府为了解决资源型产业的环境负外部性问题所采取的直接或间接影响企业生产与污染排放行为、污染治理技术改进行为等行政命令型规制手段或市场型规制手段，是社会性规制在环境问题中的应用。

1.4 研究内容

本书以资源型产业的可持续发展为目标，考虑双重外部性因素，探讨环境规制与矿业权配置影响下的绿色技术创新与绿色转型升级问题。考虑到外部性成本对绿色技术创新的影响，以及矿业权规制和环境规制对企业绿色技术创新行为的影响，本书在梳理相关文献的基础上，从以下六个部分开展研究。

（1）中国资源型产业技术现状与规制问题分析

本部分内容将从资源型产业的外部性问题入手，分析技术创新、矿业权配置以及环境规制的现状及存在的问题。

一是外部性问题。中国是矿产资源大国。一方面，由于采矿工艺与技术的限制，资源型产业污染排放量大，资源综合利用率低，导致生态环境的巨大破坏，经济损失严重；另一方面，在矿产资源开采过程中存在过度进入、过度开采、偷采盗采以及无证开采等问题，扰乱矿产资源市场，加剧资源消耗，资源型产业资源与环境约束较为严重。

二是技术创新现状及存在的问题。资源型产业产能较为分散，小、散、乱问题仍然存在，生产效率较低。尽管近几年创新投入与创新产出出现了显著增长，但由于技术水平落后，与其他产业相比，资源型产业技术创新仍具有紧迫性。

三是矿业权配置现状及存在的问题。资源产权制度是影响资源型企业技术创新能力的关键制度因素。作为重要的产业进入壁垒，矿业权配置的不完善导致企业未来预期不确定性，加剧了资源型产业外部性。尽管中国一直在探索矿业权市场交易体系，但是仍然存在交易矿种不均衡、所有制性质不均衡、采矿权期限不均衡以及不安全性等问题，影响采矿企业的技术创新积极性，这是本书后续研究的重点。

四是环境规制现状及存在的问题。环境规制不仅对节能减排具有积极影响，还通过纠正绿色技术创新的市场失灵对企业减排技术创新产生针对性影响。但是，由于环境规制工具较多，不同规制工具的效果具有不确定性，需要加以区分并综合考虑。

（2）完全外部性成本下的绿色技术创新效率

外部性问题是本书研究资源型产业的基础，本部分内容主要研究负外部性对绿色技术创新的影响。根据前期研究，本书认为以往对绿色技术创新效率的评估低估了负外部性的作用，如果不考虑完全外部性成本，资源型产业绿色技术创新效率水平将被高估。因此，本部分内容首先计算资源型产业的完全外部性成本，然后将外部性成本纳入绿色技术创新效率的测算模型，并通过与非期望产出方式下的绿色技术创新效率进行对比，准确评估资源型产业外部性对绿色技术创新的抑制作用。

（3）完全外部性成本下绿色技术创新效率的影响因素研究

矿业权的所有制结构是矿权改革的重要内容。在我国，由于资源种类不同，国有企业在资源型产业中的影响完全不同。作为产业进入规制的重要内容，矿业权所有制结构配置与环境规制的叠加效应如何，是本书研究的重要方向。

首先，本部分内容将环境规制纳入机制分析框架，探讨矿业权所有制对绿色技术创新的影响机制。

其次，通过搜集中国资源型产业面板数据，采用固定效应模型分别检验产权国有和产权私有对绿色技术创新的影响，以及与环境规制的叠加效应。

最后，根据矿种以及对资源加工的不同，对资源型产业进行分组，分组检验矿产资源开采、加工以及供给，能源与非能源类资源产业的开采与加工等不同情况下，产权配置对所有制结构与环境规制的影响作用。

(4) 采矿权安全性对绿色技术创新的影响研究

基于前述研究，本部分内容将矿业权对绿色技术创新的影响延伸至矿业权配置的不均衡与不安全情况下采矿企业的绿色技术创新问题。首先，构建采矿权安全性下采矿企业绿色技术创新与政府规制的演化博弈模型。演化均衡解与采矿权安全性系数、政府规制成本等因素有关，通过设置不同级别的采矿权安全性系数，进行数据仿真。其次，构建采矿权国有企业与采矿权私有企业的绿色技术创新 L－V 模型，推导演算均衡解的影响参数，并进一步采用自然资源部采矿权交易数据进行仿真模拟，进一步说明矿业权配置因素对采矿企业绿色技术创新的作用。

(5) 环境规制工具对绿色技术创新投资的偏向性影响研究

在前述研究中，本书将环境规制对绿色技术创新的影响效应分析与矿业权配置相结合。而环境规制对绿色技术创新的作用也是不可忽视的，对不同环境规制工具的绿色技术偏向性分析更有利于发挥规制效果的有效性。因此，本部分内容通过理论模型与实证检验进行深入分析。

首先，构建环境规制工具对绿色技术创新影响的利润最大化模型，分析数量型规制与价格型规制对绿色生产技术与污染治理技术的不同作用。

其次，以污染治理方式选择为切入点，从绿色技术创新投入与环境规制成本的比较中构建嵌套 logit 模型。

最后，匹配不同数据库的全行业企业和采矿企业的生产排放数据与污染治理数据，采用 logit 模型估计检验不同环境规制工具与绿色生产创新、污染治理技术的选择关系，并在此基础上，对环境规制工具的绿色技术创新偏向性影响因素进行验证；采用省级加总数据进行稳健性检验，以期能够证实前文理论研究结论与实证分析结果。

(6) 最优环境税率对绿色技术创新的影响研究

环境税是中国绿色税制的开端。虽然环境税的实施对中国资源型产业的绿色技术创新究竟有何影响还有待考证，但是对这一问题的研究却不可忽略。本书以中国环境税实践为基础，构建环境税率与污染排放水平的统计关系，通过区分不同污染物，分别计算资源型产业废气与废水排放的最优环境税率，并构建最优环境税率与绿色技术创新的门槛模型，分析最优废水税率与最优废气税率是否对绿色技术创新存在门槛效应，并与中国资源型产业的现行税率进行对比，比较废水与废气的现行税率和最优税率的差距。

（7）资源型产业绿色技术创新的规制政策体系构建

矿产资源资产产权制度是影响资源型产业绿色发展的重要制度，环境规制与矿业权制度共同影响绿色技术创新，因此，本书以矿业权配置和环境规制为主线，构建绿色技术创新激励的规制政策体系。矿业权配置的市场化交易探索需要结合矿种、矿产资源储量、矿权规模等因素，加入技术标准、环境标准的矿业权配置制度可以有效促进资源型产业绿色发展。而环境规制标准不仅与规制工具类型相关，还与矿种、矿权期限以及矿权所有制属性相关。本书的研究可以为资源型产业绿色发展和资源环境有效管理提供政策建议。

1.5 研究思路和技术路线

1.5.1 研究思路

本书的研究主要按照以下思路展开。

第一步，以外部性理论、产权理论等为基础，构建完全负外部性成本的计算模型，并计算包含外部性成本的绿色技术创新效率，研究外部性成本与绿色技术创新的关系。

第二步，构建矿业权配置与环境规制对绿色技术创新影响的理论模型与实证模型，从矿业权配置的所有制结构、采矿权安全性问题以及采矿权期限等方面分别进行实证检验与仿真模拟，深入分析矿业权配置要素如何影响绿色技术创新，为政策建议的提出提供理论与实证依据。

第三步，在矿业权配置要素既定的情况下，通过理论模型推演以及实证检验，研究哪种环境规制工具更有利于绿色生产技术创新，以及哪种规制工具更倾向于影响污染的末端治理技术，特别是环境税的实施对绿色技术创新产生何种影响、废水税率与废气税率是否最优、影响结果是否存在异质性等，从而为政策体系的构建奠定基础。

1.5.2 技术路线图

本书的技术路线如图1.1所示。全书研究内容共分为五个部分。

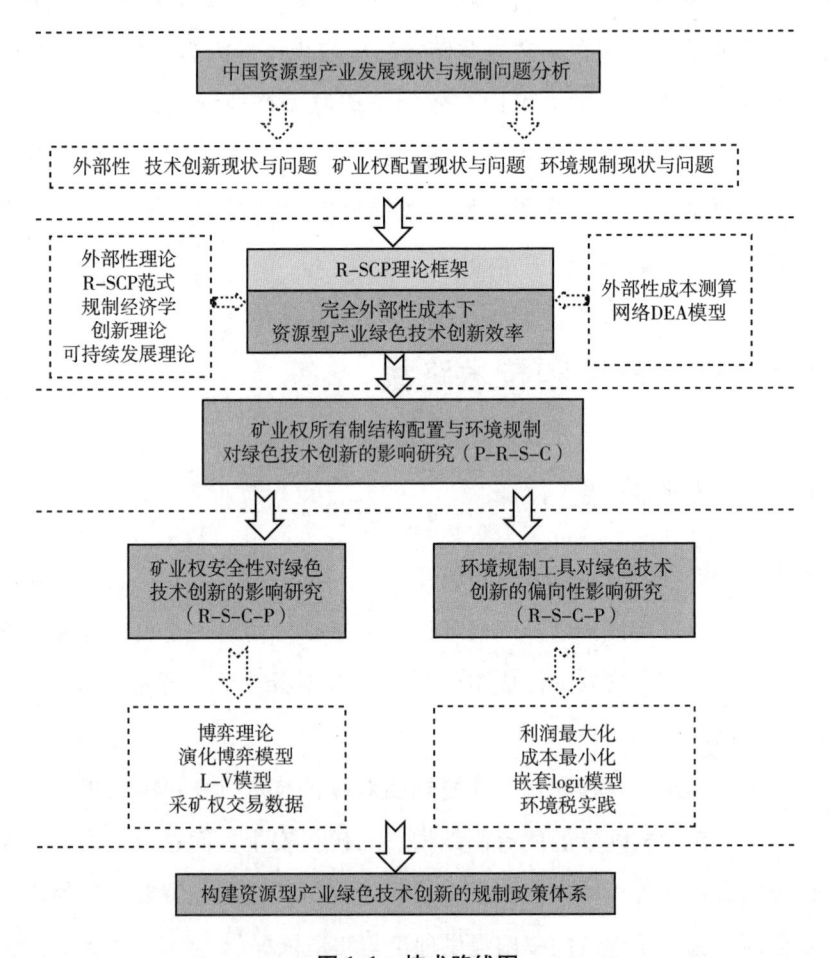

图1.1 技术路线图

第一部分是中国资源型产业的技术现状与规制问题分析，主要从外部性特征、技术现状与问题、矿业权配置现状与问题以及环境规制现状与问题等几个方面进行分析，为后面的理论与实证研究提供基础性素材。

第二部分是构建资源型产业绿色技术创新的 R-SCP 理论框架，并对绿色技术创新效率进行评估，涉及外部性成本计算以及两类效率评估结果的对比，主要运用外部性理论以及内生增长理论等。

第三部分是矿业权配置要素与绿色技术创新的关系研究。首先，通过影响机制分析和实证检验，采用中国资源型产业相关数据，探讨矿业权配置的所有制结构特征与绿色技术创新的关系；其次，建立矿业权安全性（采矿权）对绿色技术创新影响的演化博弈模型，并采用采矿权交易数据进行仿真模拟。

第四部分是环境规制对绿色技术创新的影响研究。先是采用微观经济学中的利润最大化与成本最小化理论，讨论环境规制工具对绿色技术创新的偏向性影响，然后再将环境税作为环境规制的典型方式，开展深入研究。

第五部分为主要结论与政策建议。

1.6 创新点

本书的创新点主要体现在研究框架创新和研究视角创新上。

首先，研究框架创新。本书认为，规制—结构—行为—绩效之间是双向互动影响的闭环型关系。因此，研究以政府规制对资源型产业绿色技术创新绩效的作用为主要研究切入点，通过对采矿权配置结构、采矿权安全性问题以及各项环境规制工具对产业（企业）绿色技术创新效应的异质性研究，为构建中国资源型产业绿色技术创新激励政策体系提供了理论框架支持。

其次，研究视角创新，主要包括以下几个方面。

第一，矿业权配置制度是矿产资源管理的重要内容。采矿权作为产业的进入规制,对企业开采行为的影响是基础性的,并进而影响绿色技术创新。但是,现有成果鲜有研究矿业权配置对绿色技术创新的影响,尤其缺乏对矿业权所有制结构配置、采矿权安全性、采矿权期限等要素与绿色技术创新关系的系统性研究。本书的研究将矿业权配置纳入绿色技术创新研究的范畴,为矿产资源管理和资源型产业绿色发展提供了参考依据。

第二,环境规制工具对绿色技术创新投资偏好的影响。污染减排与治理贯穿生产全过程,而针对不同的产业、生产工艺与环节以及环境目标等,环境规制工具的实施是有侧重点的,因此不同环境规制工具对绿色技术创新的影响并不一致。不考虑规制工具本身的差异以及对绿色技术创新的异质性影响,将环境规制作为单一要素研究绿色技术创新失之偏颇。本书从理论与实证两个方面分析不同环境规制工具的影响,并以中国环境税实践为基础,探讨不同污染物种类的环境税与绿色技术创新的异质性关系。

第三,将负外部性成本纳入绿色技术创新效率和最优环境税率的计算。负外部性对技术创新效率的影响评估研究很多,但对于企业而言,技术创新的投入和产出与企业资源配置有关。如果不考虑政府干预,外部性难以内化为企业成本,那么就不会对绿色技术创新产生实质性影响;只有当负外部性成本成为企业实际生产运营成本时,才能更准确衡量绿色技术创新水平。同样,在计算最优环境税时也是如此,只有负外部性成本内部化,才能准确衡量外部性带来的边际损害。

第四,按照污染物排放种类分类计算最优环境税,并在此基础上分析对绿色技术创新的异质性影响效应。环境污染边际损害成本的确定还受到污染物排放种类的影响,废气与废水污染物成分不同,造成的社会损失也存在较大差异,中国环境税的征收也是按照废水、废气以及固体废弃物等展开的。因此,按照污染物排放种类分别计算最优环境税率不仅具有理论上的必要性,还符合环境税征收实践,也拓展了对绿色技术创新影响因素的研究,有利于制定更为完善的绿色技术创新激励体系。

第 2 章
理论基础与文献综述

资源型产业区别于其他制造业的最大特点是，不仅环境负外部性问题会带来代际问题，资源开采造成的资源耗竭同样存在严重的代际外部性与代际公平问题，而这也是资源产业可持续发展如此重要的原因。因此，本书在相关理论基础上，从纳入外部性的内生增长相关研究入手，分析外部性内部化的国内外相关研究，包括环境外部性与环境税费、资源外部性与资源税等内容。考虑到外部性问题的消除具有公共品属性，企业缺乏自主降低外部性的激励，化解外部性问题需要政府政策的推动作用，同时技术创新也是解决外部性问题的有效途径，而政府产业政策同样对企业技术创新产生影响。所以，政府规制工具与政策和技术创新的关系也是本书的重要研究内容，特别是采矿企业减排技术创新、技术创新下的资源最优开采、环境规制工具的绿色创新激励等内容。

2.1 可持续发展理论回顾

发展是人类进步永恒的主题，但面对发展过程中出现的资源短缺问题，20 世纪 70 年代罗马俱乐部发布了名为《增长的极限》的报告，阐述了资源与环境的重要性。20 世纪 80 年代，《世界自然保护纲要》首次提到可持续发展这一概念，但没有给出明确定义。之后，世界环境与发展委员会的报告《我们共同的未来》首次系统阐述了可持续发展的概念与内涵，将其定义为"既能满足当代人的需求，又不对后代人满足其需要的能力构成威胁的发展"，后续研究对可持续发展概念做了拓展与延伸（Daly，1993；Barbier，1987；Giuseppe，1997），可持续发展理论不断发展完善。

尽管可持续发展的定义繁多，各国对可持续发展的实践也差异甚大，甚至有学者认为可持续发展理论忽视了当代发展与资源环境配置的问题，容易形成恶性循环，过分强调未来与代际公平，进一步加大了资源与环境可持续发展的压力（袁明鹏，2002）。但是，可持续发展理论所强调的资源环境的重要性却不容忽视。在实践中，可持续发展理论带来了各国发展模式的转变，特别是近些年，中国对环境与资源问题的重视程度不断提高，更是凸显了可持续发展理念对经济发展模式的渗透。从技术层面而言，可持续发展理论强调绿色技术的重要作用，主张通过技术创新与研发提高对能源资源的利用效率，以及降低环境污染与生态破坏，这正是本书研究资源型产业绿色技术创新和转型升级的理论基础。

2.2 资源耗竭、环境外部性与经济增长

对资源耗竭的研究最早从霍特林（Hotelling，1931）开始。随着对可持续发展理念认识的不断深入，资源的代际公平性问题日益获得关注。20世纪70年代，经济增长理论开始将环境和资源变量引入新古典增长模型中，研究其对经济增长的影响。但是，这一阶段的研究都是基于技术外生和生产要素边际收益递减的新古典假设，这种假设没有考虑技术进步的作用，经济增长在资源与环境制约下会最终陷入停滞。而技术进步是抵消资源耗竭与环境问题对经济增长产生制约作用的有效手段（刘凤良、郭杰，2002）。20世纪80年代中后期，随着以罗默（Romer，1986）、卢卡斯（Lucas，1988）等为代

表的学者提出内生经济增长模型，经济学家通过在生产函数和效用函数中引入环境变量，探讨环境如何对可持续的经济增长产生影响。而随着资源耗竭性对经济制约的作用不断增长，很多学者开始在生产函数中引入资源耗竭因素（王海建，1999；于渤、黎永亮，2006；李冬冬、杨晶玉，2015），并不断拓展成资源、环境以及经济增长之间的关系模型，试图研究资源耗竭、环境污染治理以及政府技术激励政策对经济增长和社会福利的影响作用。研究发现，当存在外部性时，政府组合政策的技术促进效应和经济增长效应高于单一政策。

2.3 矿业权配置与外部性

在中国，资源所有权与收益权由政府代表全民所有，因此资源具有共有产权特性。为此，政府必须在宪法框架下，以社会福利最大化为目标，通过探矿权与采矿权的有效配置开展矿产资源的有效管理。然而，目前中国矿业权配置仍然存在产权主体不明晰、产权主体缺失以及矿业权重叠等问题，导致各层级的国有企业、集体与个体企业竞相争夺矿山资源、滥采滥挖，出现严重的负外部性，影响社会福利最大化和经济可持续发展。

2.3.1 产权与外部性

新制度经济学鼻祖科斯（Ronald H. Coase）在其论文《社会成本问题》中对外部性及如何解决外部性进行了阐述，认为只要产权界定清晰，同时交易成本为零，那么就可以通过市场交易解决外部性。但是，负外部性产权界定仍然存在很大困难，特别是当产权存在非排他性和非竞争性时，产权界定给私人部门是不可能的。而矿产资源属于全民所有，公共财产的关键是产权，产权归属是否明确决定了公共财产（共有物品）的消费排他性问题（方钦等，2017）。作为公共品的产权界定不适用于科斯定理，无法通过跨时间和代际的界定消除代际负外部性。

矿业权有效配置研究的基础是产权理论（Coase，1960；巴泽尔，1997）。正如科斯（1959）认为的那样，清晰的产权界定是市场交易的先决条件。而产权作为调节经济个体与政府之间关系的重要制度（Acemoglu and Johnson，2005），不管由公共部门掌管，还是分配给私人部门，只要界定清晰且可以实现交易，均可以实现资源的最优配置（于左、王雅洁，2009）。毫无疑问，市场机制是配置资源的最有效制度。对于中国自然资源矿业权配置改革，国内学者的主流观点是强调充分发挥市场机制的基础性作用，实现自然资源矿业权交易的市场化（孟庆瑜，2003）。矿产资源作为一种特殊的生产要素，在中国存在所有权主体缺位现象，因而能够实现市场交易的产权实际上是指矿业权，包括探矿权与开采权（成金华、吴巧生，2004；肖兴志、陈长石，2008；汪小英、成金华，2011；陈伟、陈奕铭，2014）。

但是，产权交易的前提是矿业权的安全性。产权的不安全性包括产权不明晰、产权残缺、产权被征用以及产权期限的不稳定等情形（王忠、周昱岑，2015；Laing，2015）。产权制度对资源利用、投资激励以及经济内在增长等具有核心作用（Acemoglu and Johnson，2005；Grainger and Costello，2014）。产权不安全是影响矿产资源开采行为与投资行为的关键因素，对资源开采量、开采方式选择等具有直接影响，贝斯利（Besley，1995）以土地资源产权为研究对象，着眼于产权制度与投资激励之间的关系，认为土地产权不安全会导致土地权利的递减，而当土地产权明确且能够交易或抵押时，则农民会增加土地投资。科斯特罗和格兰杰（Costello and Grainger，2015）以渔业资源为例，研究产权强度与资源开采率之间的关系，认为较强的个人产权有利于实现更加经济有效的资源开采路径。不安全的产权容易导致资源过度开采，加剧矿产资源产业的资源代际外部性与环境外部性问题（Davis，2001；Jacoby，2002；Haber，2003；Emery and Winter，2008）。原因在于，在产权不安全情况下，企业对未来资源价值预期偏低以及非持续方式开采获得的收益偏高（董洁、龙如银，2005），由此影响企业投资。此外，还与某些生态、技术和体制环境下，私人财产制度的协调和排斥成本有关（Cole，2002）。

现实经济中，资源配置主要通过设置产权并构建相应的有管理的市场交易机制予以实现，通过产权制度的构建提高稀缺资源的配置效率，由产权制度的资源配置目标引导经济行为（王荧、黄茂兴，2017），而最优的政策体系则能够减少外部性带来的损失（庄子罐，2009）。因此，产权界定与产权结构配置优化是解决资源型产业双重外部性问题的一种基础性制度安排。许多西方学者认为私有产权可以在自然环境的开发与保护中发挥重要作用，但这并不意味着私有化才是解决环境与资源问题的唯一办法（董洁、龙如银，2005）。对于中国自然资源产权制度改革，国内学者的主流观点是强调充分发挥市场机制的基础性作用（陈静等，2018；贺冰清，2016）。而产权界定并不是非要将权利划分给私人，只要界定清晰并且能够实现市场交易，即使这种权利由公共部门掌管，也可以实现资源的最优配置（于左、王雅洁，2009）。

2.3.2 矿业权不安全性与外部性

针对产权不安全性对开采行为的影响的研究较多。大多数研究指出，产权的不安全性导致资源开采预期回报的不确定性，因此会引发过度开采，特别是在政府干预环境资源问题时，存在被征用风险，致使产权所有者认为潜在收益不确定，影响产权所有者行为选择（Laing，2015）。产权不安全性导致企业对未来资源价值预期偏低，从而倾向于采用非持续开采获得短期高收益，以资源过度开采追求短期利润最大化（董洁、龙如银，2005；Jacoby，2002；Haber，2003），并带来严重的环境影响（Araujo et al.，2009；Bohn and Deacon，2000）。产权排他性不明确是造成产权外部性的内在根源（王忠、揭俐，2011）。而矿业权重叠问题模糊了资源产权边界，增加了资源开采市场的不完全性，对资源开采效率具有负面影响（王忠等，2017）。

从国内研究来看，产权不安全性也是影响企业开采行为的关键因素。曾志伟（2015）发现，资源开采量与国有化风险之间呈倒"U"形的关系。矿业权规制中存在的政府分权、逆向选择等因素是引致我国矿业权市场矿权重叠、采富弃贫、掠夺开采、环境弱化、成本次优等效率差异性的重要原因（王忠、周昱岑，2015）。特别是矿业权重叠模糊了产权的有效边界，导致资源开采市场的不完全性加剧，对煤炭开采的全要素生产率造成阻滞（王忠等，2017）；如果考虑煤炭资源税因素，矿业权重叠则对煤炭产业的技术效率具有门槛效应（王忠等，2018）。很明显，不同产权制度下的交易成本不同，在交易成本为正的现实经济运行中，公平有效的产权制度是能源产业民营经济内生发展模式的制度基础（孙哲，2016）。而在中国当前的矿业权制度下，矿业权具有私权法律属性，企业对于未来资源价值预期偏低以及非持续方式开采获得的收益偏高（董洁、龙如银，2005），将导致企业过度开采以追求利润最大化。但短期生产与技术的高成本外部性导致了更为严重的资源过度开发。科斯特罗和卡菲内（Costello and Kaffine，2008）认为，尽管产权期限的不确定性会导致资源过度使用或开采，但是，在产权有限使用期限下，政府管理者可以通过提供足够的激励，使企业愿意以短期收益获取长期不确定性收益。

2.4　外部性与环境税

资源开采与使用给社会和环境带来了强烈的负外部性。在市场机制的基础上，外部性问题的传统解决方式分为庇古税和限额制。税收制是以企业生产的外部性活动的数量为依据，按照某一税率征税。如果税率不合理，企业收益过高，则倾向于产生更多的外部性；而税率过高，则造成行业进入成本过高，容易形成垄断。限额制规定企业外部性产生的最高数量，限制企业产生过多的外部性，导致偏离社会最优。

2.4.1 环境税

英国经济学家庇古最早提出根据污染造成的伤害对污染者进行课税，并将税收所得补偿私人成本和社会成本之间的差距，但前提是可以准确衡量污染的社会边际成本。环境税以污染性商品消费量为税基（Bovenberg，1994），而帕里认为环境税是一种隐含的要素税，通过对中间投入品和消费品的选择增加使用成本，并进而产生影响。特克拉（Terkla，1984）提出了环境税收的双重红利，认为环境税收能改善扭曲性税收从而产生的经济效益，还能随着污染防治技术的提高而降低治理成本，对资源不合理分配进行修正。皮尔斯（Pearce，1991）认为，通过提高资源使用成本来降低能源消费需求，当环境税收政策的效果产生正的净效益时，可以有效推动节能减排，同时还可以提供能源节约和减污技术创新的诱因。而在产品生产成本和污染排放量之间存在负相关性，通过庇估税次优条件调整，存在包含排放税收和产品税收的综合控制体系（Cremer，2001）。考虑到环境税率的影响，研究结果显示含硫燃料和含硫排放物征税效果不同，含硫排放物征税效果更好（Arikan，2007）。

庇古税采用征税的方式将外部性内部化，通过使私人成本等于社会成本的方式缓解外部性的负面影响。然而，在解决外部性方面，没有考虑到外部性施受双方的相互性而产生低效率和消费者福利损失。同时，庇古税的征税还要求政府对信息的全面把握，信息充分且对称，这在现实经济运行中很难做到。特别是在代际外部性的解决中，外部性影响针对代际福利，且是跨期的，政府很难根据现有信息判断代际外部性成本和收益，进而也无法确定征税项目和征税水平，难以预计征税效果的负外部性抑制效应。

2.4.2 最优税收

关于最优环境税的研究主要涉及最优环境税及其相关影响因素。根据庇古税的思想，在完全竞争和不存在扭曲性税收的情况下，最优环境税是边际污染损害等于边际社会损失，即税收所得能够弥补私人成本与社会成本之间的差距，并促使企业减少污染排放量，发挥环境税的正效应。最优税收理论的文献最早可以追溯到拉姆齐（Ramsey，1927）的研究，他假设经济中只有一个代表性消费者，将政府的目标简单地表述为如何选择税收组合来最大化消费者效用。迪亚蒙（Diamond，1975）将该模型扩展到多个消费者。后续学者延续并发展了这一方法，在解决最优税收问题的基本方法上发展出二级最优分析框架。该框架建立在解决最优税收问题的基本方法之上（Akinson and Stiglitz，1980；Lucas and Stokey，1983），通过在资源约束下把最优税收问题转化成最优资源配置问题，研究扭曲性税收的竞争均衡，对比研究庇古税与最优环境税的关系（Pal and Saha，2015；Xu et al.，2016）。

最优环境税往往受到很多因素的影响，存在税收的扭曲效应。产业市场结构、环保信息累积、企业污染控制水平与成本、污染治理技术等均能够对最优环境税率产生影响（Canton et al.，2008；Owen，2013；Ikefuji et al.，2016）。考虑各类影响因素后，最优环境税率与庇古税并不一致（司言武，2010；Sartzetakis et al.，2012）。比如，污染会通过影响劳动力的健康水平而改变劳动市场的供给（Schwartz，2000），导致最优环境税高于环境边际损害成本；而威廉斯（Williams，2003）则在研究中纳入税收的作用，认为健康对劳动供给的影响会降低最优环境税。大堀（Ohori，2012）认为，最优环境税与私有化水平有关。制度对环境税率的制定影响不容忽视，考虑到潜在制度变迁对环境税实施的影响，应该提高最优碳税（Engström and Gars，2016）。戈洛索夫等（Golosov et al.，2014）的研究重新计算了污染排放的环境损害，也证实了以往的税率水平仍然较低。因此，需要在环境税率的制定和征收中考虑各方利益的博弈，对环境税率进行动态调整（Baumol，1974；Karp，2005；Sartzetakis et al.，2012）。为了发挥环境税的污染减排作用，在征税环节上，应该对上游能源供应商征税（Liu，2013）。但是，通过内部化实现外部性缓解，政府很难判断外部性成本和收益，且没有考虑到外部性施受双方的相互性而产生的效率损失，税率标准是否合适、征税效果是否真的能够抑制负外部性或者弥补外部性成本对比则需要进一步探讨。

目前，关于最优环境税率的计算方法主要是基于外部性理论提出的环境治理成本分摊法、环境退化成本法（污染损失法）、污染控制成本法等，这些方法大多结合污染治理与排污费征收进行税率测算（唐明、明海蓉，2018；王有兴等，2016）。然而，采用以上方法计算最优环境税率时存在两个困难，一是技术与调查不足，数据难以核算；二是最优环境税率与污染排放损害、企业治理成本以及污染排放物等因素有关（Sartzetakis et al.，2012；王丹舟等，2017）。安德烈等（André et al.，2005）的研究发现，二氧化碳和二氧化硫对环境税改革的敏感度不同，征税会产生不同的环境改善效果及非环境福利影响。迪布瓦和艾克曼斯（Dubois and Eyckmans，2015）认为，税收竞争会影响政府间废渣回收税税率的制定。

2.5 资源环境政策与外部性改善

2.5.1 资源外部性与资源税

战略性矿产资源开采回采率低，浪费严重，而由于中国资源开采权配置，企业面临自身成本限制、产权模糊和资源市场波动等多重约束，生产外部性严重，进而损害社会福利。基于市场机制的外部性内部化（宋冬林、赵新宇，2006），有利于降低外部性。其中资源税的征收在资源有偿使用和国有资源开采企业走向市场的探索中起到了一定的积极作用。资源税体现国家对矿产资源的所有权，通过征收资源税调节资源开采企业的级差收益，并实现资源长期或跨代的合理配置。

作为政府财政收入的重要来源，资源税已经成为很多国家的重要税种。国内外对资源税的研究包含多方面。霍特林（Hotelling，1931）在通过对资源最优开采问题的研究发现，税收可以改变资源耗竭的时间分布，税收政策具有影响资源开采速度，调整资源储量与开采的调节作用，能够通过资源税修正资源过量开发利用造成的代际外部性问题（Schumacher and Zou，2008）。但是，资源税作用的发挥会受到一些因素的影响，比如税率与市场利率、资源价格以及征税方式的关系等都会影响资源开采速度。当市场利率大于税率变化率时，资源开采速度会降低（Slade，1980）；同时，在价格影响下，资源的耗竭速度与价格变化具有同方向的特性（Dasgupta，1980），而不同征收方式的影响结果也是不同的（Hung，2009）。另外，环境问题以及相应的环境成本也会影响资源最优税率的制定（Parry and Small，2005；Cynthia，2009；Philip，2010）。关于资源税的作用及影响的研究普遍认为，资源税通过提高厂商与消费者使用成本，对降低能源消耗、节能减排、环境恢复具有重要作用（徐晓亮等，2015；朱学敏等，2012；徐晓亮，2011；黄莉等，2012），而对资源要素配置和企业生产量没有太大影响（李绍荣、耿莹，2005；刘楠楠，2015；许建、雷婷，2017），因此，可以建立资源税收机制，缓解资源消耗、环境问题和改善经济关系。

2.5.2 环境规制与污染减排

新古典经济学环境污染外部性内部化理论认为，严格的环境规制将增加企业环境污染治理与防治要素的成本投入，挤占企业生产性资源及技术要素投入资金。国内外学者对这一观点进行了深入研究与论证。环境规制的企业污染减排绩效与不同环境规制工具以及环境规制强度对各污染治理环节的作用强度有关。

随着环境规制强度的增加，工业污染治理投入逐渐增加，污染治理工艺改进程度较大，并且污染减排设施的效率较高，可以改善环境质量（冯严超、王晓红，2018；Masayuki，2016）。这也是人们普遍认为环保投入越多，越有可能带来更好的环境治理绩效的原因。然而，现有研究对环境规制强度与环保投资间关系的观点并不统一，部分实证研究证实了环境规制强度对促进企业增加环保投入的积极作用（陈东、陈爱贞，2018；谢智慧等，2018），但也有研究认为环境规制强度与企业环保投资呈现非线性的倒"U"形关系（李强、田双双，2016）。由于短期内环境规制可能导致企业经营价值减少，经营绩效降低，因此环境规制强度越大，企业环保投资反而越少（马珩，2016），特别是当环境质量更差时，企业环保成本过高，企业越有可能不采取环境保护措施（吉利、苏朦，2016）。

环境规制的效果同时受规制工具种类、被规制企业的行为选择以及技术的影响。有学者认为，中国二氧化硫排放交易试点方案与企业污染减排成本之间不存在显著相关关系（Tu and Shen，2014）。凯姆菲特（Kemfert，2005）通过研究气候政策的减排目标下不同国家和地区的污染减量成本发现，环境规制政策对减排成本的影响与技术研发投入有关，技术研发投入通过提高能源效率降低减排成本，而当不存在技术变化时，减排目标的实现则通过牺牲产量来实现。法尔津和科尔特（Farzin and Kort，2000）通过研究环境税与企业污染减排投资之间的关系，说明环境税对减排投资的影响受到税率高低、税收调整时间和幅度等不确定性因素的影响，环境规制的强度影响企业污染治理技术选择偏好、污染治理投入以及资源配置。只有当环境税足够高时，才有助于减少污染（Lanoie et al.，2011）。

由于污染排放产生在生产过程的各环节，那么，不同环境规制工具以及环境规制强度对各污染治理环节的作用强度也是不同的，这与环境规制工具本身的特征和被规制企业的行为选择有关。不同环境规制通过作用于污染物排放的预防阶段与治理阶段，对环境与经济绩效的提升产生互补作用（王晓红、冯严超，2018）。张晓娣和孔圣昺（2019）针对能源税征收环节的差异化效果研究也证实了征税环节对绿色技术和效率的作用机制不同。在市场型环境规制下，企业追求环境规制成本最小化，通过动态环境管理，提高资源配置的弹性和有效性；而在命令控制型环境规制下，企业更有可能消极应对环境规制（张倩，2018）。梁劲锐等（2018）认为，环境规制强度对绿色技术创新具有偏向性的影响，当环境规制强度较低时，环境规制对治污技术创新具有较强的推动作用；而当环境规制强度较高时，则更倾向于促进清洁生产技术创新。这是因为环境规制往往通过改变环境生产要素的价格对创新产生影响,并通过环境研发对企业绩效产生间接的积极影响(Lanoie et al.,2011)。因此,在环境规制影响下,企业往往在排污成本与减排成本和技术收益之间进行权衡,通过自身技术研发降低污染排放成本,并获得更多的技术研发收益(Heyes and Kapur,2011)。而规制者则通过环境收费政策与补贴或降低新技术收益不确定性的方式激励企业增加减排投入,实现创新与减排(Schmidt et al.,2012;Wang and Chen,2010)。

2.6 资源环境政策与技术创新

2.6.1 产权结构配置与绿色技术创新

我国资源产权归国家和全民所有,但是国家主体无法对资源进行直接配置以满足生产需要,而是通过市场配置过程,将共有产权向多元产权主体转变以实现产权收益。而资源产权通过在不同所有制结构之间的配置影响企业经营行为选择,进而改善资源环境外部性,优化资源配置(陈沁,2016),并通过不同所有制企业间的技术创新,带动产业转型升级。国有化作为一种进入规制手段,与负外部性和企业绩效之间具有影响关系(李嘉晨、于立宏,2016),当考虑市场结构和所有权性质时,国有企业规模大小与效率之间是负相关的,经济绩效的提高往往以环境负外部性为代价的(于立宏、李嘉晨,2016),但当存在较高的环境外部性时,国有化作为间接进入规制是最优的(Li and Yu,2016;2018)。

资源产权的结构配置与经济发展的资源环境约束具有直接关系。要实现资源型产业可持续发展以及提高经济效益,一方面,促进非再生资源的节约利用,减缓自然资源耗竭速度,从产权制度安排上保障生态环境效益和资源开采率的提高;另一方面,考虑到资源与环境问题的本质是资源与环境作为一种稀缺资源,由于缺乏明确的产权结构导致产权无法调整资源配置、纠正绿色创新激励不足的问题，应该通过界定资源环境产权，将绿色技术创新的传统经济内部化激励与技术供给激励向产权结构激励过渡（杨发明、吕燕，1998），并以技术创新驱动产业转型升级，探索资源耗竭、环境外部性与技术创新之间的关系（王海建，1999；于渤、黎永亮，2006；刘春丽、杨雪，2014；李冬冬、杨晶玉，2015），改变资源消耗型发展模式（惠宁等，2013）。但是，资源采掘业中产权安排的不合理容易导致政府出现寻租行为和政府干预现象（徐康宁、王剑，2006），而邵帅和杨莉莉（2010，2011）的研究则进一步发现，资源依赖对创新投入和产出具有明显的挤出效应，不利于产业创新发展。

虽然通过技术创新也可以解决资源开采的外部性问题，最大限度地实现环境、经济和社会效益，但对传统开采技术的路径依赖导致新技术的研发与推广需要大量的资金、劳动力等要素投入，绿色技术创新投入大，成本高，企业承担较大的风险（马媛等，2016；周丽等，2009），并且绿色技术的外部性与溢出性也会导致研发成本与收益不完全挂钩（龙如银、董洁，2015），开采企业缺乏推广绿色开采技术的积极性，需要政府对企业进行有效监管。这需要政府与资源开采企业之间的长期动态博弈。马媛和潘亚君（2019）研究了政府与煤炭开采企业之间的博弈过程，发现政府监管成本和预期收益会对博弈均衡产生影响，而绿色开采收益、非绿色开采收益、绿色开采成本、非绿色开采成本、政府补贴以及非绿色开采政府罚款与企业损失参数等均会影响策略稳定。卢方元（2007）认为，当污染处理收益、环保部门污染惩罚力度和政府污染监测成本较高时，企业污染较为严重。

2.6.2 环境税与绿色技术创新

国内外研究大多支持环境税是解决外部性问题的有效方式。环境税的影响效应研究包括节能减排的环境效应和污染治理技术的激励效应。大部分研究支持环境税能够增加企业环保投入和降低污染排放的观点。有学者发现，当环境外部性较显著时，如果消费的跨期替代弹性较小，征收环境税可以实现环境改善、增加就业和企业利润的三重红利（Chang et al.，2009）。征收环境税以绿色技术解决环境负外部性，是企业突破环境限制、应对政府环境规制的重要途径（生延超，2013）。环境税的"双重红利"效应假说认为，环境税能够改善扭曲性税收产生的经济效益，并随着污染防治技术的提高，对资源的不合理分配进行修正（Terkla，1984），也正是由于这种正的净效益的存在，推动了能源节约技术和治污技术的创新发展（Pearce，1991）。但是，绿色技术的非竞争性特征决定了其具有公共产品属性（Romer，1990），这导致企业缺乏创新动机。因此，关于环境税是否具有技术创新激励效应，学者们并未达成一致。

环境税与绿色技术创新之间关系的研究大多通过环境规制工具对技术创新的激励作用实现（Jaffe et al.，2002；Heyes et al.，2011）。在完全信息假设下，一些研究通过与排污补贴和排污标准等不同环境政策工具进行对比，肯定了污染税对降低排放成本、提升企业减排技术的积极作用（Wenders，1975；Milliman and Prince，1989）。安德烈斯和弗里厄（Endres and Friehe，2013）认为，非完全竞争在一定程度上抵消了外部性扭曲问题。唐宁和怀特（Downing and White，1986）认为，即使是在垄断竞争情况下，环境税仍然具有较高的创新激励。德拉戈内等（Dragone et al.，2013）和服部（Hattori，2017）则研究了动态税率不确定性情况下的环境税创新激励问题。范丹等（2018）采用中国环境税费征收数据验证了环境税双重红利的存在，这既能够降低污染，又可以激励绿色技术创新。然而，部分研究否定了环境税对绿色技术创新的积极作用（Mandelsohn，1984；Kemp and Pontoglio，2011）。武亚军等（2002）通过二氧化硫税的静态 CGE 模型分析，认为二氧化硫税不存在双重红利。马格纳尼（Magnani，2000）认为，收入均等对环境友好型支出具有负面影响，不利于污染减排研发。而迪茨和米凯利斯（Dietz and Michaelis，2004）的研究认为，环境税的技术创新效应受到企业生产成本结构和技术进步水平等因素的影响。

2.6.3 环境规制与绿色技术创新

关于环境规制对技术创新绩效的影响，各国学者从不同角度、采用不同方法研究并论证了环境规制对技术创新的影响。波特和林德（Porter and Linder，1995）首次通过案例研究系统阐述了环境规制能够激励企业创新的问题，认为基于市场的环境规制能够激励创新并在一定程度上化解环境规制带来的成本，从而提高企业竞争优势。也有人认为，当市场失灵时，政府可以通过实行更严格的环境规制来提升企业竞争优势（Simpson and Bradfor，1996）。国内外很多针对工业行业和制造业的研究已经从理论与实证上证实了环境规制对技术进步的促进作用。环境规制可以刺激创新，针对工业行业、制造业的研究认为，排污费、政府政策法令等与创新投入之间存在正向关系（Jaffe and Palmer，1997；Brunnermeier and Cohen，2003；Arimura，Hibiki and Johnstone，2007），兰博提尼和坦皮耶里（Lambertini and Tampieri，2012）在理论上对此进行了验证。同时，大量研究也显示，环境规制的影响也会受到规制工具选择以及产业异质性等因素的影响（Berman and Bui，2001；Lanoie et al.，2011；薛伟贤等，2010；原毅军等，2013；Wang et al.，2021）。也有学者通过实证检验发现，环境规制强度、所有制结构等因素对技术创新绩效具有不同程度的门槛效应（徐成龙，2021；沈能，2012；李斌等，2013），认为环境规制与技术创新之间并不是简单的线性关系。但从所有制差异分析环境规制与技术创新效率关系的研究不多。刘和旺等（2016）研究发现，环境规制强度与技术创新的"U"形关系只存在于非国有企业，而国有企业并不具备这样的特征。乐菲菲和张金涛（2018）通过以制造业企业为样本的研究发现，在政企关系和环境规制双重影响下，国有企业创新效率表现更差，但对民营制造业企业的影响则并不显著。

由于绿色技术不仅是生产技术进步，更体现为减少污染排放。在政府环境规制下，企业在技术研发过程中会对生产技术的污染排放加以控制，使技术进步偏向绿色型清洁技术（Requate and Unold，2003）。但是，由于不同的环境规制强度存在差异，在实施过程中，企业对不同种类的技术进步研发投入是有偏差的（Krysiak，2011；Acemoglu et al.，2012）。环境规制对实现绿色技术进步具有重要影响，但是环境规制能否激励企业研发活动偏向于绿色技术创新则很难给出统一的结论。在政府环境规制影响下，进口具有绿色技术进步的推动作用（景维民、张璐，2014），研发投入对绿色技术研发偏向的积极作用也不容忽视（尤济红、王鹏，2016）。

2.6.4 环境规制工具的创新激励

根据污染产生和排放环节，污染控制可以是在生产过程中降低污染产生量，也可以在末端排放环节降低污染物排放总量或排放浓度，而污染排放许可证或污染配额则是一种有效的污染控制途径。根据科斯（1960）的理论，排放许可证和配额均具有可交易性，因此能够发挥市场机制的作用，调整边际收益与边际成本，消除环境外部性。可交易许可证机制的创立者达莱斯（Dales，1968a；1968b）认为，可以针对水污染建立污染权分配的权力机构，根据企业污染需求分配污染权。蒙哥马利（Montgomery，1972）从理论与实践角度发展了这一机制，并证实能够实现污染控制效率。对于环境治理工具的动态效率研究，主要聚焦于环境 R&D 激励和污染治理技术扩散（Magat，1978；李寿德、黄桐城，2004；曾世宏、王小艳，2014）。国内外学者往往在完全竞争假设下，比较不同环境治理工具的企业创新激励效果（Tietenberg，1995；Parry，1998）。大部分传统研究认为，排放税比排放标准对排污技术的改进作用更强（Wenders，1975；Downing and White，1986；Requate，1998）。但也有实证研究证明，政策选择与排污技术进步之间并不存在系统性的联系。迪茨和米凯利斯（Dietz and Michaelis，2004）认为，传统研究的假设条件忽视了政策对企业产出水平的影响。马卢歌（Malueg，1989）认为，排污许可证的交易双方也会出现不同的技术行为。米利曼和普林斯（Milliman and

Prince，1989）比较了排放标准、排污税、排污权交易和拍卖四种环境规制工具对企业治污技术进步的影响，结果发现拍卖和排污税具有较高的创新激励水平，而排污权交易和排放标准的激励效果却较小。然而，以上研究倾向于静态比较研究，并没有考虑到市场结构和产业组织环境对企业R&D策略互动的影响。福登伯格和蒂罗勒（Fudenberg and Tirole，1984）认为，寡头厂商的策略互动必然通过许可证市场对绿色技术创新决策产生影响。施密特等（Schmidt et al.，2012）研究认为，可交易排放系统短期内对创新具有限制作用，但能够影响长期的联合创新活动。李停（2016）将市场结构纳入分析模型，发现在同质产品市场和异质性产品市场上，排污权交易、排污税和排放标准体现出了完全不同的创新激励效果。此外，不同国家之间也存在同类环境规制工具的创新效应差异（Singh et al.，2017）。

2.7 其他有关绿色技术创新的研究

2.7.1 绿色技术效率

针对绿色技术创新效率的研究大体可以分为三类：一是以绿色技术的创新成果为依据，比如绿色技术专利（贾军、张伟，2014），在选择评价指标时采用单一指标衡量绿色技术创新效率；二是构建绿色技术创新的评价指标体系，再采用主成分分析法或者模糊综合评判法计算绿色技术创新效率；三是将环境因素纳入创新过程（Kusz，1991），关注绿色技术创新的投入与产出，通过参数与非参数方法测度绿色技术创新效率，比较典型的是随机前沿法和DEA方法（钱丽等，2015；刘艳、张健，2018）。这些研究大多采用污染排放物作为环境非期望产出来衡量环境外部性，比如陈晓和车治辂（2018）将污染物排放作为环境约束纳入绿色技术创新效率测算模型，类似的还有温湖炜和周凤秀（2019）、申晨等（2017）的研究。尽管黄庆华等（2018）的研究关注了污染减排成本对绿色创新的影响，但仍然采用了COD、氨氮、SO_2和烟（粉）尘等污染排放物来衡量环境外部性。虽然以上研究大多证实了环境因素对绿色技术创新与生产率水平的约束作用，却很少有研究将环境外部性成本完全内部化，以探究环境外部性成本对绿色技术创新效率的影响。

2.7.2 所有制结构与绿色技术创新

国内对国有企业的产权多元化改革效果的研究很多，大多数的研究结论支持民营资本引入对国有企业经济效益的改善作用（刘小玄、李利英，2005；白重恩等，2006；廖红伟、丁方，2016）；也有研究否认国有企业改革的绩效影响力（刘春、孙亮，2013）。廖红伟和丁方（2016）研究认为，产权多元化改革的社会效益比较复杂，非国有资本比例对就业和政府贡献率存在非线性影响。这些研究着眼于国有企业产权多元化改革，以国有企业中的国有资本与非国有资本对产业绩效的影响为研究对象。

大部分关于产业所有制结构与技术创新关系的研究认为，所有制结构对技术创新效率有较为明显的影响，并认为非国有企业创新效率优于国有企业，而外资企业明显高于内资企业（Zhou et al.，2017；Choi and Park，2012；Choi et al.，2011；吴延兵，2012；任毅、丁黄艳，2014；吴利华、申振佳，2013；Xiong et al.，2020），国有企业在垄断行业具有较强的技术创新能力，在竞争性行业技术创新能力较低（李长青等，2014），也有研究认为所有制结构对技术创新的影响作用不是单一的、线性的，所有制结构对技术创新具有门槛效应，如果国有经济比重过高，则会对技术创新效率产生消极影响（李博、李启航，2012）。而李健（2018）的研究认为，非国有比重每上升1个百分点，专利授权会下降0.14~0.181个百分点，可见非国有经济对创新能力具有抑制作用。于立宏和李嘉晨（2016）等的研究结果显示，资源型国有企业在经营效率、规模经济和绿色技术创新方面均优于私有企业。

2.7.3 有偏技术进步与能源节约

有偏技术进步是实现能源节约的重要途径，国内外对此的相关研究较多。通常，有偏技术进步被认为是单个生产要素的边际产出提高，而通过改变生产要素的投入比例，则可以实现偏向型技术对某类要素的节约。由于要素价格对投入会产生影响，因此，要素价格可以带来针对稀缺要素的技术进步，实现要素节约，而由于规模经济性，市场规模效应则会促进技术进步以提升丰裕要素产出（Hicks，1932；Acemoglu，2002）。贾菲等（Jaffe et al.，2002）的研究从理论上证实了这一结论。随着资源环境问题受到重视，越来越多的研究涉及能源要素的技术进步偏向性。大多数研究认为能源偏向型的技术进步能够提高能源使用效率和产出，降低能源浪费（Jorgenson，1981；Hogen，1991；Newell et al.，1999；Ma and Oxley，2008；Yuan and Liu，2009）。同时，也有部分研究试图探究偏向性技术进步对要素替代，以减少生产中的能源要素投入。通过对能源价格以及能源强度的深入研究可以发现，能源价格引致的替代效应和技术进步能够改变能源使用强度，并且要素替代弹性的贡献比其他因素更大（Popp，2001；Welsch and Ochsen，2005）。

由于技术进步分为中性技术进步和有偏技术进步，并且技术进步的来源也有区别，如果在研究中仅考虑有偏技术进步，那么要素弹性对要素投入的影响作用估计则很难符合现实（林伯强、杜克锐，2014）。齐绍洲和王班班（2013）、董直庆和赵景（2017）、王班班和齐绍洲（2014）等通过区分不同来源的有偏技术进步，实证检验证实了技术进步来源差异性对能源强度降低的异质性影响作用。陈晓玲和连玉君等（2015）的研究认为，按照要素间的替代关系调整要素投入结构，可以有偏向性地提高要素效率，降低对能源的使用强度。基于以上研究，如果想要降低经济发展中的能源消耗强度，政府可以采用相关措施，改变要素价格及其相关的替代关系，从而影响不同行业对技术创新的研发投入。然而，减少环境污染的偏向性技术则更多地依赖于环境技术，发挥能源税、环境税等市场化手段的绿色技术创新激励作用（李斌、赵新华，2011；修静，2017）。

2.8 文献评述

传统资源经济学理论认为，合理的产权安排是提高资源利用效率的重要保障。而以产权和政府规制等作为缓解资源过度耗减与环境外部性问题的选择往往是有效的（Libecap，2007）。由于资源型产业的产权特性和双重外部性特征，重新审视资源型产业外部性成本，并立足产权配置因素与环境规制考察企业绿色技术创新行为以及政府规制工具对创新绩效的影响，探讨完全外部性成本对绿色技术创新的作用，符合当代资源环境问题趋紧的时代要求。

以上对外部性的研究在理论和实证等方面都获得了重要成果和进展，但并没有完全包含资源型产业的特性，很少从双重外部性视角，结合产权配置因素与环境规制对绿色技术创新进行深入探讨，存在不足之处。

首先，当前对绿色技术创新的研究很少包含完全外部性成本，无法说明负外部性成本对绿色技术创新的影响效应，并进而导致政府各项政策效果的叠加与抵消，抑制了政府规制政策的有效性。

其次，资源产权的共有属性是导致资源开采过度进入、过度开采的很重要的一个因素。对于追求短期利润最大化的企业而言，矿业权的不安全、不完全和不确定性使得企业具有耗竭性开采行为和创新行为不足的动机，但是对矿业权配置到底如何影响企业开采行为与创新行为的研究却很少，矿业权配置的国有化特征、矿业权期限长短、矿业权安全性等因素对企业绿色创新行为的影响，特别是产权安全性是影响矿产资源开采与使用的关键因素，但目前并没有对此的系统研究，而这正是本书对产业政策与企业绿色创新行为关系研究的重要线索，为政府资源环境管理提供新的参考机制。

最后，目前尽管针对环境规制和绿色技术创新关系的研究不在少数，但是大多数是基于环境规制的既定水平或者笼统界定绿色技术创新,很少从绿色技术创新的类型以及不同环境规制工具的偏向性影响入手。本书不仅引入绿色生产技术和治污技术,评估环境规制工具类型的绿色技术创新偏向性影响,还通过区分污染物种类来探讨环境税的绿色技术创新效应,为政府规制政策的针对性提供依据。

综上所述,本书借鉴现有研究,探讨完全外部性成本下,资源型产业矿业权配置、环境规制与绿色技术创新的关系,构建采矿权安全性、环境规制工具和绿色技术创新的理论与实证模型,一方面填补了矿业权配置因素对绿色技术创新投资的研究空白,另一方面为资源型产业转型升级和绿色发展提供了政策建议。

第3章
中国资源型产业发展现状及问题分析

资源型产业在国民经济发展中具有重要的基础性作用。其中，煤炭、石油、天然气等为其他各产业生产活动和居民生活提供能源支持；铁矿、稀土、萤石等金属、非金属矿产则是战略性矿产资源，作为新能源、新材料等战略性新兴产业的基础原材料，在国防、军工、化工等领域具有不可替代的战略地位。在中国经济高质量发展的关键时期，这些矿产资源的可持续利用关系到经济转型发展的整体进程。因此，本书的研究对象主要集中在矿产资源开采加工以及其他相关产业，具体包括采矿业、制造业中的矿产资源压延及制品业以及能源生产与供应业。这是因为矿产资源的开采与初级加工在企业生产经营活动中难以完全分割，而从矿产资源产业链来看，作为资源消耗的直接主体，矿产资源冶炼、压延和加工以及能源生产和供给为其他产业提供原材料或动力支持。

从矿产资源的形成来看，矿产资源具有不可再生性和稀缺性。在当前经济发展形势与技术水平下，经济发展所需的能源与资源消耗量是巨大的，如果替代技术难以超过资源消耗速度，资源的耗竭性将难以支撑经济可持续发展，尤其是资源型产业的过度开发已经导致一些稀有资源面临耗竭危机，威胁资源安全。加之中国长期以来对矿产资源的粗放式开采与利用，绝大部分资源型产业同时存在环境污染严重、生态环境恶化、安全事故频发、技术效率低下等问题，矿产资源产业代际负外部性和环境负外部性特征明显，对经济形成了较为严重的资源环境约束，资源型产业的绿色转型发展迫在眉睫。作为产业绿色转型升级的重要驱动力，绿色技术创新是当务之急。因此，本章从资源型产业经济地位、技术发展现状以及政府干预的矿业权和环境规制角度分析资源型产业转型升级的必要性以及政府规制存在的问题，并说明优化绿色技术创新激励体系的重要性。

3.1 资源型产业的经济地位

中国是矿产资源大国，截至2022年年底，中国已发现矿产资源种类173种，包括能源矿产13种，金属矿产59种，非金属矿产95种，水气矿产6种[①]。矿产资源的开采与加工在国民经济中的重要地位不容忽视。

作为国民经济的基础性产业，矿产资源型产业对国民经济具有巨大的推动作用。

首先，能源类矿产资源为其他产业发展提供物质基础，是满足国民经济发展能源需求的绝对来源。能源高质量发展是中国经济高质量发展的重要内容，降低化石能源在能源结构中的比重，增加绿色可再生能源使用，是能源结构的调整方向。特别是在"双碳"目标要求下，重点控制化石能源消费，推动能源消耗总量与强度调控不断优化是实现节能降碳，促进经济社会发展全面绿色转型的重要内容。从图3.1和图3.2可以发现，近十年，在能源生产和能源消费领域，煤炭、石油等传统化石能源比重虽然均呈现下降趋势，但仍然占绝对的主导地位，短期内传统化石能源矿产在能源生产和能源消费中的作用仍然不可替代。而天然气和一次电力及其他能源在国民经济中的作用有所提升，发挥的作用也越来越大。

---

① 中国矿产资源报告2023 [R]. 北京：地质出版社，2023.

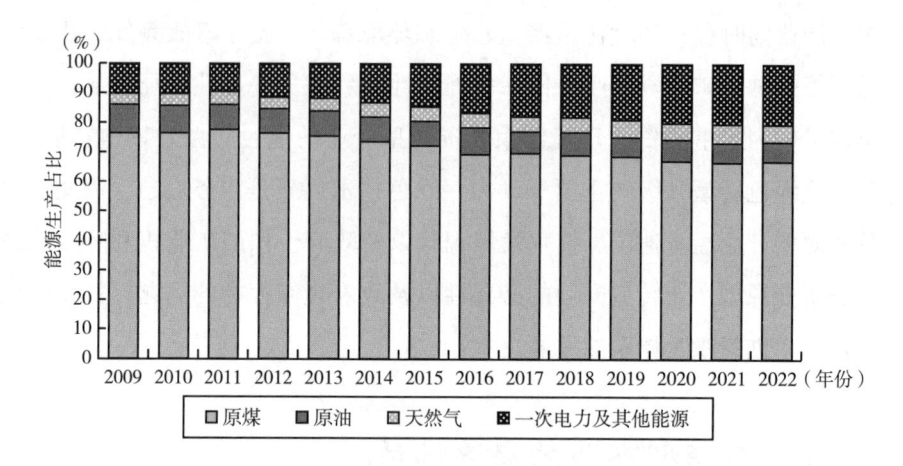

图 3.1　2009~2022 年中国能源生产比例

资料来源：2010~2023 年《中国统计年鉴》。

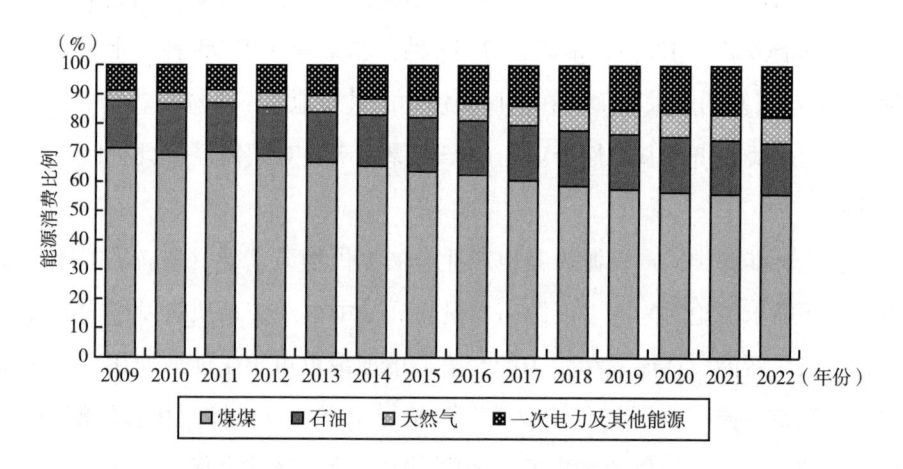

图 3.2　2009~2022 年中国能源消费比例

资料来源：2010~2023 年《中国统计年鉴》。

其次，矿产资源型产业是国民经济的重要来源。根据《中国统计年鉴》公布的行业增加值数据，2021 年采矿业行业增加值为 34566.1 亿元，占国内生产总值的比重为 3%。按行业划分的规模以上工业企业经济指标显示，2022 年中国规模以上矿产资源型产业的企业总数量为 126231 个，约占各行业总数量的 2.67%；这些企业投入了大量的固定资产，资产达到 646355.1 亿元，占全国企业总资产的40.35%；利润为30166.7亿元，占全国企业利润总量的35.84%。根据分产业数据（见图3.3），对于资源加工业，企业数量、企业资产及利润等指标均远高于采矿业和能源生产与供应业，其中，金属与非金属制品业的企业数量最多，单个产业内的企业营业收入也高于其他产业。

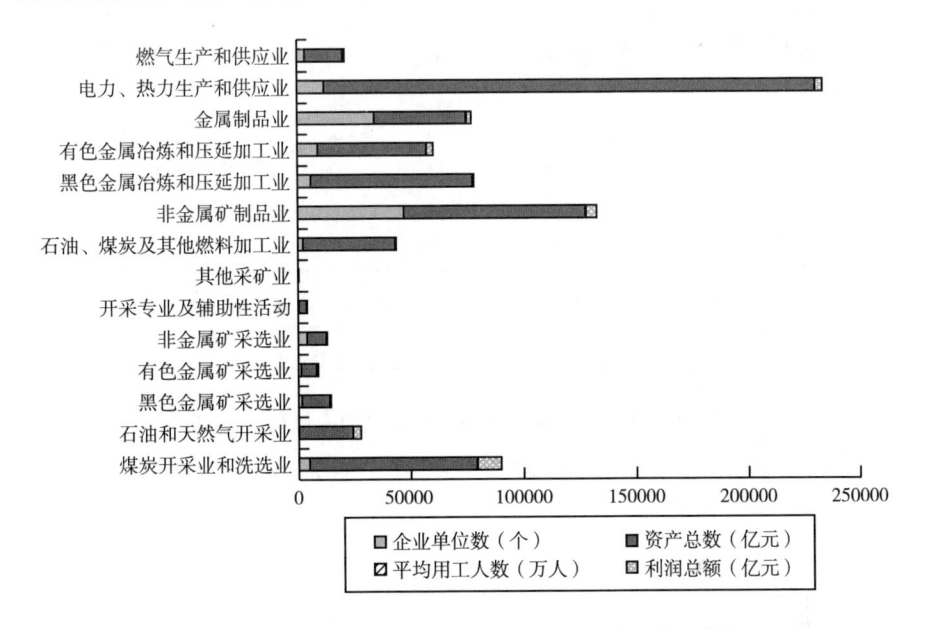

图3.3 2022年中国规模以上资源型工业企业主要指标

资料来源：2023年《中国统计年鉴》。

同时，矿产资源型产业在解决社会劳动力就业方面同样具有不可忽视的作用。根据图3.4的采矿业就业数据，2005~2022年，按行业的分城镇非私营单位就业人员数显示，采矿业就业人员数量经历了倒"U"形的变化，从2005年的509.2万人，到2013年的636.5万人达到峰值，随后几年有所下降，2022年为340.9万人。而随着全社会就业人数的增长，采矿业就业人数占比曲线呈现下降趋势，这与中国采矿业的集约化改革有关，在关停并转采矿业小散乱采矿企业过程中，大量中小矿企退出市场，导致就业人数下降。尽管如此，2022年采矿业就业人员数仍然超过总就业人数的2.04%，与采矿业生产增加值占国民生产总值的比例相近。如果同时考虑资源加工业以及电力、热力、天然气生产与供应等产业，2022年矿产资源型产业的规模以上工业企业平均用工人数合计达1992.8万人，占全国规模以上工业企业平均用工人数的25.67%（见图3.5）。

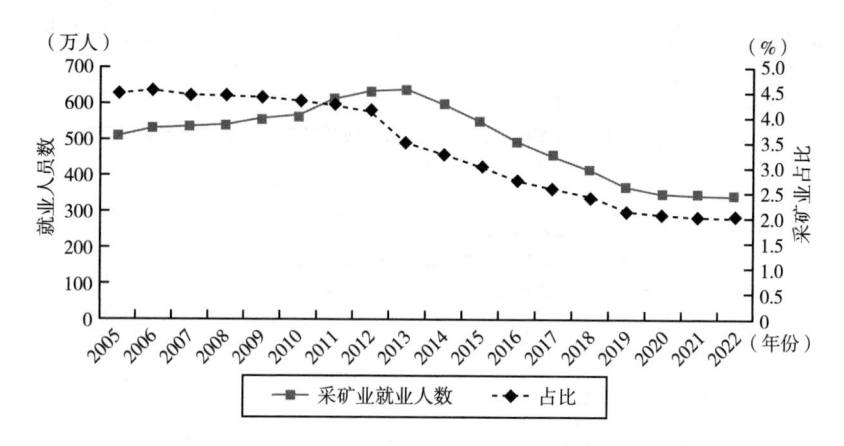

图3.4 2005~2022年中国采矿业就业人员数及占比

资料来源：2006~2023年《中国统计年鉴》。

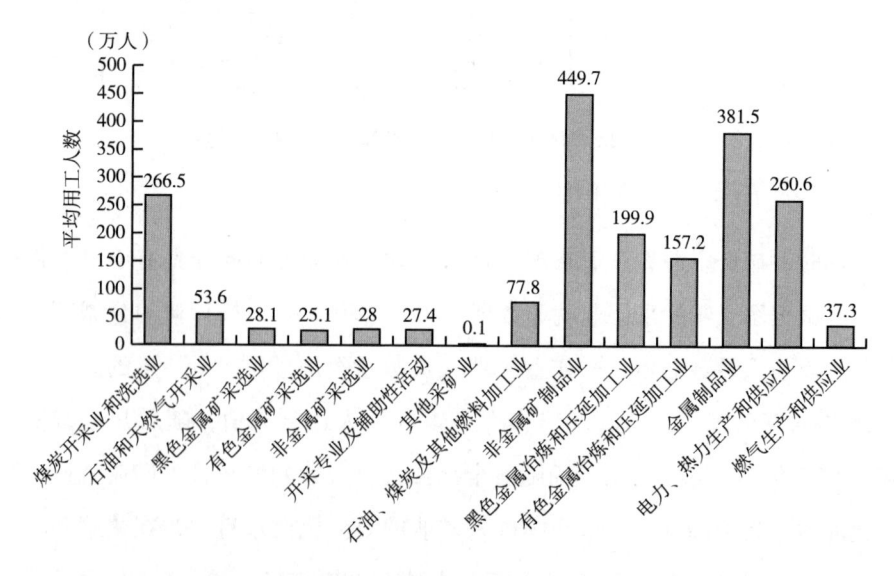

图3.5 2022年中国矿产资源型产业规模以上工业企业就业人数

资料来源：2023年《中国统计年鉴》。

3.2 资源环境双重外部性问题突出

在资源开采与利用过程中，外部性问题不可避免，而中国长期粗放式发展方式下的过度开采与消耗更是加剧了外部性问题。

中国是矿产资源大国，而大多数矿产资源储量集中在少数省份，矿产资源储量大省往往也是产量大省，矿产资源产量分布相对集中。根据国家统计局公布的数据，2023 年中国规模以上企业生产原煤 46.6 亿吨，其中，煤炭主产区山西、内蒙古、陕西的产量分别是 135658.2 亿吨、121099.3 亿吨和 76136.5 亿吨，合计占中国原煤总产量的 71.46%。另据自然资源部公布的数据，截至 2021 年年底，中国已探明铜资源储量集中分布在西藏、江西和云南，分别占比为 31%、19% 和 13%，而铜矿产量也大多出自这些省份；铝土矿则大多出自广西、河南、贵州和山西等省份；石墨主产区更是集中，大型晶质石墨矿床主要分布在黑龙江、内蒙古、山东、河南和四川等省份，仅黑龙江和内蒙古的储量就占全国总储量的 66%。

由于矿产资源开发利用不可避免地会对周边地区产生不同程度的生态环境影响，加之采矿工艺与技术局限性，矿产资源开采对地表环境、固体废物以及地质条件等生态环境有较大损害。比如，大型井矿的能源矿产开采有可能造成地下采空，容易引起地表塌陷和土地植被破坏；有色金属矿山的废水废渣有害物质含量高，可能导致水土污染问题严重；非金属矿产最容易导致地形地貌破坏等。根据自然资源部公布的数据，2020 年全国因矿产资源开采直接引发的地质灾害约 1176 起，直接经济损失约为 15 亿元；2021 年，中国矿业大学发布的《中国矿产资源开发与土地复垦研究报告》显示，中国因矿产资源开采累计损毁土地面积超过 400 万公顷。另外，矿产资源开采还会导致水资源污染严重。水利部公布的《2020 年中国水资源公报》显示，2020 年全国因采矿活动导致的水污染事件超过 200 起，受影响水域面积达到 5000

平方千米。尾矿和废渣排放还会带来严重的固体废物污染。生态环境部公布的数据显示，2021年中国矿产资源开采产生的尾矿和废渣总量约为15亿吨。另外，矿产资源开采过程导致的空气污染也很严重。《2020年中国大气污染源解析报告》显示，2020年全国矿山开采产生的粉尘排放量约为500万吨，占工业粉尘排放总量的15%。除此以外，矿产资源开采还会破坏生物多样性。由此可见，中国矿产资源开采带来的环境破坏是多样性的，环境污染、生态破坏与资源浪费问题不容忽视。

随着国家对矿产资源开发管理和环境问题的重视，以及采矿技术的进步和管理理念转变，矿产资源开发对生态环境的破坏正在减少。比如，从法律法规和政策层面限制矿产资源开采对环境的影响，出台了《关于做好矿产资源规划环境影响评价工作的通知》《控制污染物排放许可制实施方案》《关于加快建设绿色矿山的实施意见》等，而《中华人民共和国环境保护法》第三十条更是明确指出"开发利用自然资源，应当合理开发，保护生物多样性，保障生态安全，依法制定有关生态保护和恢复治理方案并予以实施"。尽管如此，矿产资源粗放式开发和生态修复滞后仍然无法杜绝，生态破坏和环境污染问题仍然存在。

图3.6和图3.7提供了矿产资源型产业工业废水排放量和工业废气排放量数据。综合来看，矿产资源型产业中，各行业的COD排放量和氮氧化物排放量均呈现下降趋势。然而，各行业的总排放量仍然较高，造成了严重的环境污染问题。根据《中国环境统计年鉴2023》的数据计算发现，从工业废水排放来看，矿产资源型产业的COD排放总量占各行业总量的15.45%，氨氮排放量占各行业总量的16.31%；从工业废气排放来看，矿产资源型产业的工业二氧化硫排放量占各行业总量的90.19%，工业氮氧化物排放量占比达到91.38%，而工业颗粒物排放量甚至达到各行业总量的93.42%，仅煤炭开采和洗选业的工业颗粒物排放量就占各行业总量的30%以上。另外，非金属矿物制品业、黑色金属冶炼及压延加工业、有色金属冶炼及压延加工业是工业废气排放的重点行业，这三个行业的工业二氧化硫排放量、工业氮氧化物排放量

以及工业颗粒物排放量分别占各行业总量的 54.1%、50.43% 和 34.51%。

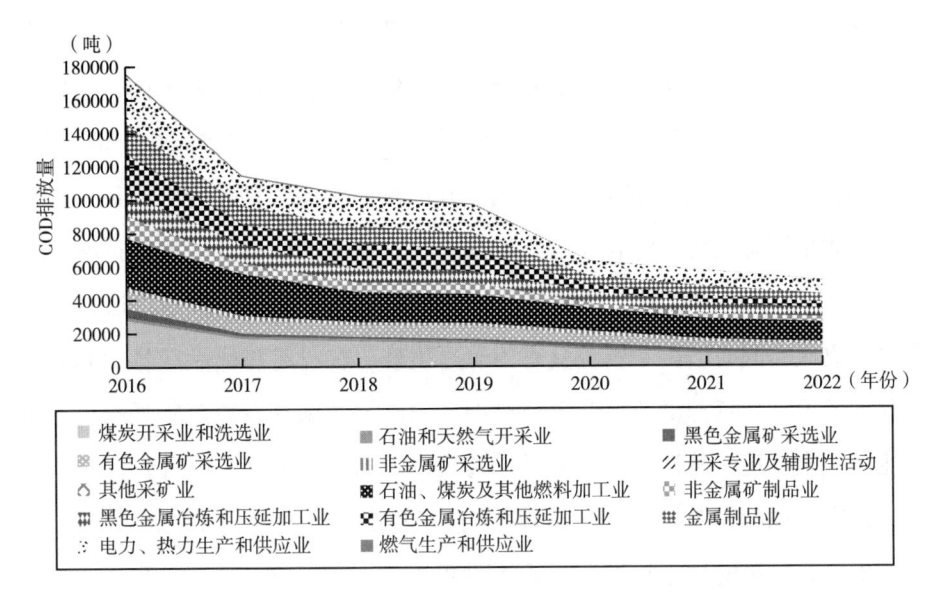

图 3.6　2016～2022 年中国矿产资源型产业 COD 排放量

资料来源：2017～2023 年《中国环境统计年鉴》。

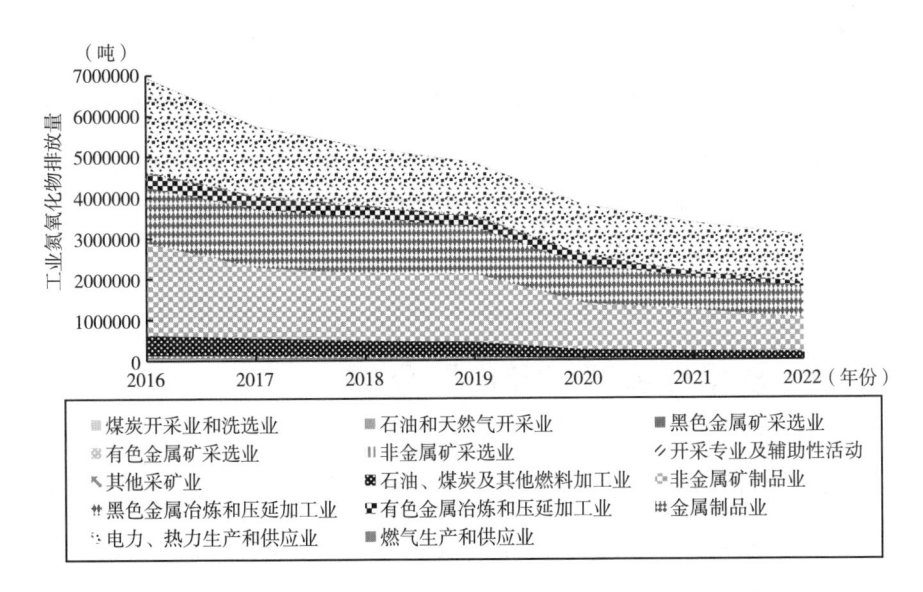

图 3.7　2016～2022 年中国矿产资源型产业工业氮氧化物排放量

资料来源：2017～2023 年《中国环境统计年鉴》。

另外，中国矿产资源偷盗采、无证开采等行为加剧了资源耗竭和无序管理，而非法开采扰乱矿产资源市场，影响资源保护，加剧资源耗竭。以稀土为例，大量非法开采生产是造成稀土市场价格持续较低的重要原因，这导致行业集中度低，不利于管理，行业整体开采水平低，处于产业链中低端位置。尽管中国严厉打击违法违规开采行为，开展矿产资源管理整合与改革，违法开采总体呈下降趋势。综合自然资源部历年对矿产违法案件的通报情况以及《中国矿业年鉴》的数据可以发现，越界开采和无证开采一直是违法开采案件的重灾区。同时，由于资源具有不可再生性，在没有替代品或替代品成本高昂的情况下，资源低效率开采与过度开发已导致稀有资源濒临耗竭。在中国主要稀土产地，若按照目前的开采速度，重稀土在未来10年内将会耗竭。金属矿产资源中，铅精矿、锌精矿静态开采年限不超过15年，虽然我国钨储量占世界总储量的比重超过60%，产量超80%，但长期低效率、高强度的开采，导致储采比已降到不到20年。自然资源部公布的《2022年全国矿产资源储量通报》显示，截至2022年底，中国石油探明储量为36.89亿吨，剩余经济可采储量为25.2亿吨，占探明储量的68%，储采比为18.2年；天然气探明储量8.4万亿立方米，经济可采储量为5.6万亿立方米，储采比为30.5年；页岩气探明储量1.2万亿立方米，经济可采储量0.8万亿立方米，储采比25.3年。由此可见，未来经济发展将面临更加严峻的资源短缺、生态环境恶化等刚性约束。

3.3 技术发展现状及问题分析

双重负外部性是研究资源型产业不可忽视的重要内容，这也是技术水平落后带来的主要后果。如何实现资源安全保障，促进资源环境经济的可持续发展是经济高质量发展需要面对的重要问题。

在习近平生态文明思想指引下，中国不断推进矿产资源管理改革和矿业绿色发展，完善矿产资源管理政策与环境政策，着力缓解经济社会发展的资源环境约束。2020年9月1日正式实施的《中华人民共和国资源税法》明确了促进资源节约集约利用和环境保护的可以免税或减征资源税。《矿产资源补偿费征收管理规定》要求矿产资源补偿费征收与开采回采率系数挂钩，对实行先进技术的矿山矿企给予矿产资源补偿费减免。《关于加快建设绿色矿山的实施意见》探索完善绿色矿山建设激励约束政策，鼓励创新支持政策。同时，《中华人民共和国环境保护税法》《关于做好矿产资源规划环境影响评价工作的通知》《控制污染物排放许可制实施方案》等针对环境外部性的政策与法律法规也相继出台。法律法规同矿产资源型产业绿色转型发展息息相关，通过政策实施与规制干预推进资源有效利用和环境治理，为推动矿业绿色低碳转型发展提供了制度基础和政策保障。

同时，矿产资源管理政策与环境政策聚焦技术创新，发挥绿色技术创新对矿业绿色转型发展的重要作用，通过技术创新与升级提高资源利用效率，是缓解资源环境发展约束的有效途径。自然资源部、生态环境部等各政府部门发布各种政策法规鼓励并指导矿业生产方式转变和技术升级。比如，自2010年以来，自然资源部先后发布多批次《矿产资源节约与综合利用先进适用技术推广目录》以及《矿产资源节约与综合利用鼓励、限制与淘汰技术目录》，从技术上提高矿产资源开发利用进入技术门槛，淘汰落后技术与产能，减少矿产资源型产业固体废弃物排放，提高矿产资源开发利用效率与水平。矿产资源补偿费、资源税以及环境税等都对先进技术、污染减排与治理技术等给予减免性条款，以此激励企业开展绿色技术创新。多年来，在加快推进矿业领域生态文明建设背景下，矿产资源开发利用水平有了显著提高。

3.3.1 技术水平落后导致生产效率低

中国矿产资源开采业产能较为分散，大量中小型矿山产能较低，低效企业占据大量资源，相关产业发展落后，深加工转化面临诸多问题。中国煤炭工业协会《2022年中国煤炭行业发展报告》显示，在实施去产能政策和加强环保监管的双重作用下，国家关闭了大量高污染、高能耗的落后小煤矿，推动煤矿整合。截至2022年，全国煤矿总数量由2015年底的近10000座大幅降至4407座。其中，大型煤矿数量增加至500座，增长25%；数量多但产量低的小型煤矿数量减少了60%。尽管如此，中小型煤矿数量仍然占我国煤矿数量总数的70%以上。虽然产业集中度进一步提高，大型煤矿产能由4.5亿吨/年增加到12.8亿吨/年，且有些煤矿开始建设智能化煤矿，但小煤矿数量仍然较多、产量低、效率差，劳动生产率较低。同时，先进高效的大型现代化煤矿和技术装备落后、管理水平差的落后煤矿并存，平均生产效率低，人均工效、煤炭资源回采率与先进产煤国家差距大。除部分国有大矿之外，煤矿装备水平都较差，尤其是小煤矿、乡镇煤矿的非机械化开采仍然存在。《2022年中国煤炭行业发展报告》显示，2022年中国煤矿人均产量为1200吨/年，与美国和澳大利亚人均产量8000吨/年和12000吨/年相比，仅为美国人均产量的15%，澳大利亚人均产量的10%，差距依然较大。在这种情况下，企业缺乏进一步加大创新投入、开展技术创新活动的内在动力。

3.3.2 以技术推动产业转型

在政府政策引导以及产业转型升级压力下，采矿业的产业技术创新越来越受到重视，各产业研发投入不断提高，实现了一批先进技术创新。

自2010年以来，自然资源部（原国土资源部）以创新和绿色发展理念为指导，先后发布《矿产资源节约与综合利用先进适用技术推广目录》以及《矿产资源节约与综合利用鼓励、限制与淘汰技术目录》，鼓励采用高效开采技术、综合利用技术和高效选矿技术，明确淘汰具有明显低资源回采率和安全性较差的开采技术和选矿技术（各类技术占比见图3.8），技术上控制资源浪费和能源消耗。通过逐步淘汰落后技术与产能，提高矿产资源开采回采率、选矿回收率和综合利用率，减少矿业固体废弃物排放，采用经济、行政、法律、技术等多种手段，提高矿产资源开发利用的效率和水平。同时，要求新建矿产资源开发项目不得采用限制类和淘汰类技术，提高矿产资源开发利用进入技术门槛；并结合《矿产资源补偿费征收管理规定》的要求，对实行先进技术的矿山矿企进行矿产资源费减免，以政策法规鼓励并指导矿业生产方式转变和技术升级，为实现矿业可持续发展提供了制度保障。

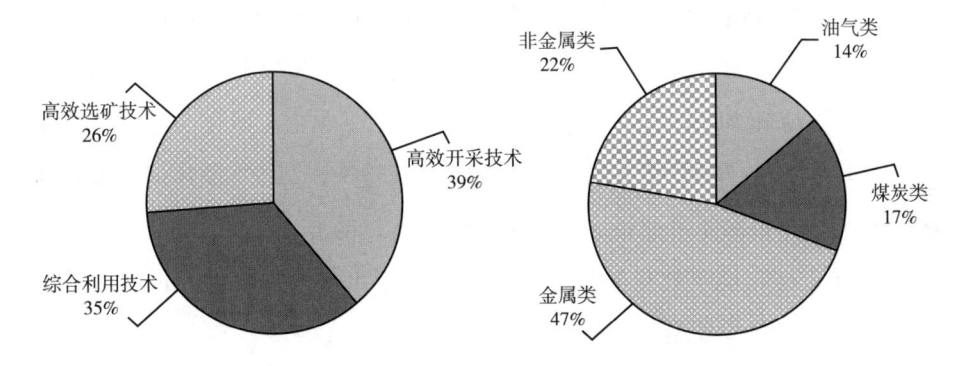

图 3.8 资源节约与综合利用先进技术

资料来源：笔者根据《矿产资源节约与综合利用先进适用技术推广目录》计算。

随着技术水平的不断提高，我国主要矿产品的矿山数量减少，而产量却保持稳定。根据《2022年中国矿业发展报告》以及自然资源部《2022年全国矿产资源储量通报》等数据显示，与2016年相比，2022年我国煤炭、铁矿、稀土矿等主要矿种的正常开采矿山数量约5000座，较2016年减少了25.8%。其中，煤炭矿山和稀土矿山均减少了近40%，铁矿矿山减少了33.3%。但是，由于持续推进矿山整合和淘汰落后产能，以及大型矿山产能占比提高，煤炭、铁矿、稀土等矿产资源的产量却基本保持稳定，平均采矿产能利用率有所提升，生产效率显著提升。2022年，20种矿山总设计采矿能力85亿吨/年，实际采出矿石62亿吨/年，产能利用率达72.9%。选矿能力38亿吨/年，实际入选矿石量22亿吨/年，平均选矿产能利用率达到72.9%。铁矿、锌矿、钨矿、锑矿、煤炭、磷矿、钼矿、铝土矿等大型矿产产能均有不同程度的提高，平均采矿集约化程度达75%。

在政策引导下，矿产资源型产业研发投入不断增加，从图3.9可以发现，规模以上采矿企业的R&D经费投入总量持续增长，研发强度不断提高。仅以采矿业为例，《全国科技经费投入统计公报》的数据显示，2022年采矿业R&D经费投入为466亿元，R&D投入强度为0.67，占全部规模以上工业企业R&D经费投入的2.41%，同比增长超过25%。

然而，与制造业相比，资源型产业技术创新投入能力与产出能力仍然处于较低水平。《全国科技经费投入统计公报》显示，2022年全国共投入研究与试验发展经费30782.9亿元，分行业规模以上工业企业研究与试验发展经费19361.8亿元，R&D研发经费投入强度为1.39%，制造业整体研发投入强度为1.55%，但是采矿业研发强度仅为0.67%；电力、热力与燃气生产和供应业分别仅为1.13%和0.19%。同时，创新产出水平也较低，技术水平不高，技术升级需求仍然较为迫切。

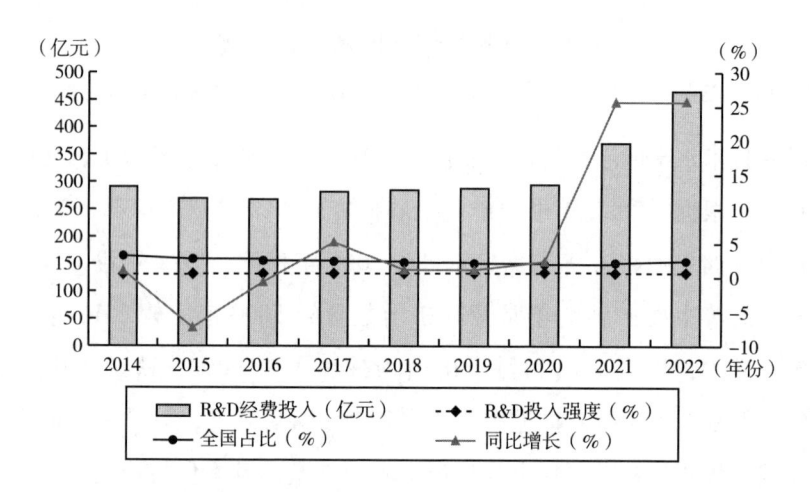

图3.9　2014~2022年中国规模以上采矿企业R&D经费投入水平与投入强度

资料来源：笔者根据国家统计局历年公布的数据整理。

煤炭开采和洗选业、黑色金属矿采选业等各类矿产资源型产业专利申请量持续增加，有效专利存量显著增加（见图3.10）。2006~2022年，五大采矿业专利申请量逐年提高，各产业专利申请量增速在2011年和2018年前后均有所提高。到2022年，煤炭开采和洗选业有效专利存量达到2897件，是

2006年的15.66倍；黑色金属矿采选业的有效专利存量由2006年的6件上升至2022年的2619件；有色金属矿采选业和非金属矿采选业同样快速发展，其有效专利存量分别从2006年的37件和21件增加到2022年的1676件和1310件，分别增长了44.3倍和61.38倍；石油和天然气采选业技术提高稳定，增长迅速，总量较高，有效专利存量由2006年的401件增加到2022年的6705件。

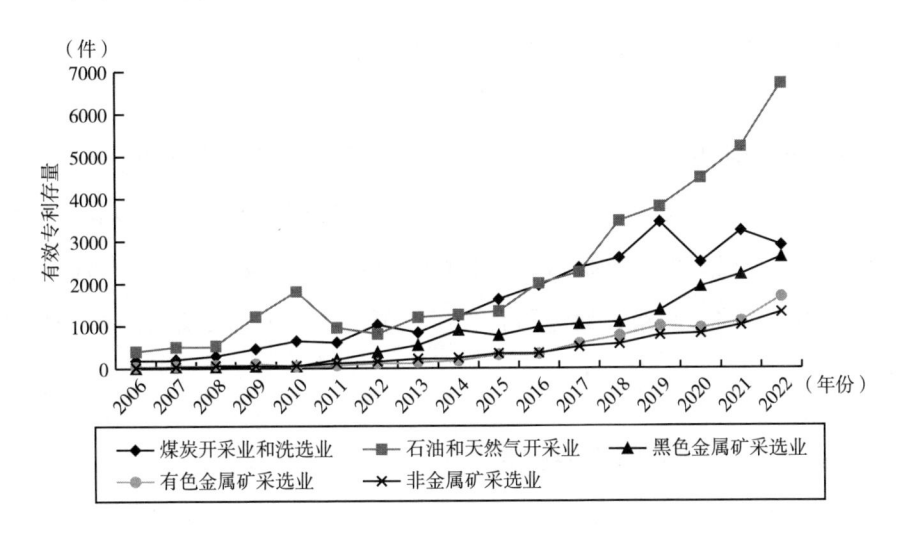

图3.10　2006~2022年采矿业有效专利存量

资料来源：2007~2023年《工业企业科技活动统计年鉴》。

在技术创新成果的推动下，我国矿产资源利用水平提高；在资源禀赋下降、矿产资源需求量不断增长的环境下，我国矿产资源"三率"指标基本维持稳定或有所增长。我国矿产资源的典型特征是单一矿产少，共伴生矿产多。经过生产方式转变和产能结构调整，产业技术水平上升明显，共伴生矿产综合利用效果显著。煤炭、金矿、稀土矿等20种矿产中含有共伴生组分59种，其中的8种组分已被不同程度回收利用。全国各矿种的矿山平均共伴生资源综合利用率介于20%~80%。不同行业共伴生矿产综合利用水平差异性较大，铅矿、锌矿、铝土矿、镍矿、钨矿等有色金属矿产由于集约化程度提高，平均选矿回收率和采矿回收率都有所提高，而黑色金属矿山、化工矿山共伴生矿产综合利用水平低于有色金属矿山共伴生矿产综合利用水平。同时，废石、尾矿的排放量增速下降，循环利用效率提高。煤炭、锑矿、萤石、钨矿、石墨、硫铁矿、锰矿、锡矿、锌矿和铁矿等矿种的尾矿循环利用率高于全国平均水平，有效缓解了我国资源和环境压力，促进了我国采矿业可持续发展。

3.4 矿业权市场的发展与问题分析

技术创新能力与水平低下的关键制度因素是中国的资源产权制度。党的十九大报告明确指出，"经济体制改革必须以完善产权制度和要素市场化配置为重点，实现产权有效激励"，同时还提出要"加快国有经济布局优化、结构调整、战略性重组，促进国有资产保值增值，推动国有资本做强做优做大"。

3.4.1 矿业权界定与配置

在资源产权界定上，《中华人民共和国宪法》规定，矿产资源产权归全民所有，是国家所有和集体所有的二元所有制。改革开放40多年来，我国自然资源产权制度逐步建立，形成了所有权与使用权的分离产权制度，并不断探索矿业权市场化交易方式，有利于资源集约利用和有效保护。根据2023年自然资源部印发的《矿业权出让交易规则》，矿业权是指探矿权和采矿权。从法律意义上而言，矿业权本身是一种财产权，其可转让性有利于提高矿产资源开发利用效率，实现市场在矿产资源配置中的决定作用。矿业权问题涉及政府对矿产资源的行政管理、矿产资源的市场化配置以及矿业权利益主体的产权。同时，矿产资源兼具财产属性和生态属性，其勘探与开采伴随着对生态环境的改变甚至破坏，具有负外部性。因此，矿业权问题又关系到矿产资源的合理开发和有效利用。

第3章 中国资源型产业发展现状及问题分析

2017年的《矿业权出让制度改革方案》明确提出完善矿业权竞争出让制度，鼓励以招标、拍卖、挂牌等方式出让矿业权，限制矿业权协议出让，并强化监管和审批，以化解过剩产能，建立健全矿业权有形交易市场，强化矿业权出让管理，完善矿业权登记确权登记制度。2023年《矿业权出让交易规则》进一步规范了矿业权出让交易行为，对采用招标、拍卖、挂牌方式出让矿业权的交易流程和规范作出明确规定。为了深化"放管服"改革，充分发挥市场在资源配置中的决定性作用，并发挥好政府作用，自然资源部先后于2019年和2023年发布《自然资源部关于推进矿产资源管理改革若干事项的意见（试行）》和《自然资源部关于深化矿产资源管理改革若干事项的意见》，全面推进矿业权竞争性出让。根据《中国矿产资源报告2021》的数据，相比于2019年，2020年全国新设探矿权中，以招标、拍卖、挂牌等市场竞争方式出让占比由43%提高到73%，以协议方式出让同比减少26%；全国新设采矿权以招标、拍卖、挂牌等市场竞争方式出让的占比超过80%，以协议方式出让的采矿权数量仅占2%。从时间上来看，2005年到2024年间，矿业权赋权总体呈下降趋势，特别是采矿权赋权下降幅度明显。参见图3.11。

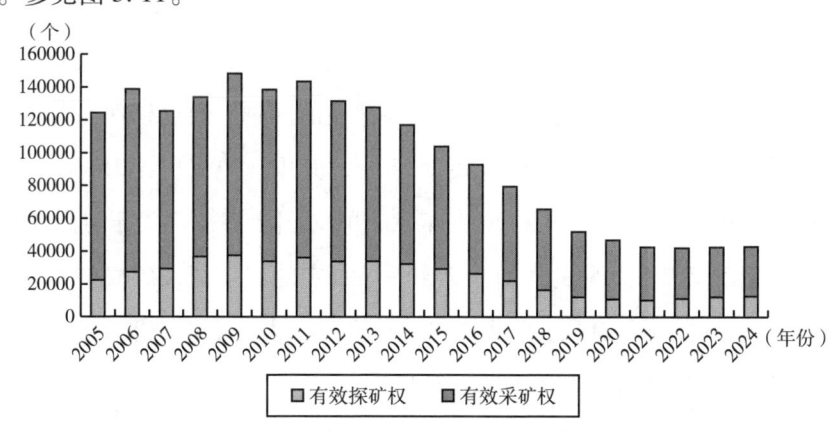

图 3.11 2005~2024年中国矿业权市场规模

资料来源：历年《中国矿产资源报告》。

由于矿产资源的战略重要性，探矿权和采矿权是资源型产业的进入壁垒，企业往往需要付出较高的沉没成本，以获取资源探矿权与开采权。随着矿产资源型产业政策更加多元化，环境规制、技术标准以及资源税等在监管中发挥作用，矿业权使用费在矿业监管中的作用逐渐降低。

3.4.2 矿业权交易不均衡

所有者缺位、所有权边界模糊、产权界定不明晰以及配置不稳定、不均衡等问题导致资源保护不足、过度开发、粗放利用等，同时，在促进矿业权人实现资源节约与环境保护方面，也存在市场失灵，加剧了资源型产业生态破坏和资源耗减。

根据自然资源部公示的中国采矿权交易情况，采矿权交易方式包括招标、拍卖与挂牌交易、转让、协议出让等，涉及煤炭、黑色金属矿产、有色金属矿产以及非金属矿产。考虑到《自然资源部关于深化矿产资源管理改革若干事项的意见》对建立和实施矿业权出让制度作出的一系列重大制度创新，包括全面推进矿业权竞争性出让和严格控制协议出让等，明确除协议出让外，对其他矿业权以招标、拍卖、挂牌方式公开竞争出让。这些制度创新导致矿业权交易方式发生重大变化。因此，本书以自然资源部2019年公示的矿业权交易数据为基础，进一步分析矿业权交易存在的问题。经过整理，自然资源部2019年公示的采矿权交易数量共2594个，其中，协议出让158个，转让602个，招拍挂1834个。根据2011年发布的《国土资源部关于进一步完善采矿权登记管理有关问题的通知》第十三条规定的"申请采矿权应具有独立法人资格"，删除不具有独立法人资格的单位或个人、重复的采矿权等共127个，得到有效矿业权2467个（见图3.12）。

首先，采矿权交易矿种不均衡。从2019年采矿权交易数量来看，除油气资源采矿权不参与市场交易以外，非金属矿产的采矿权交易占所有交易的89%，共2321个；金属矿产的采矿权仅有72个，占3%；能源矿产、煤炭和

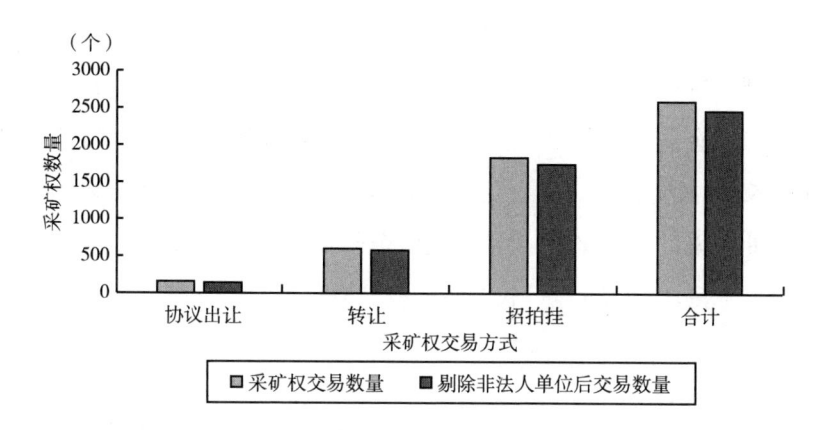

图 3.12　2019 年不同交易方式的采矿权交易数量

资料来源：笔者根据相关数据计算整理。

地热有 201 个，分别占采矿权总量的 6% 和 2%，合计为 8%，其中，煤炭采矿权 151 个，占所有交易数量的约 6%（见图 3.13）。这可能与矿种数量和矿产资源在国民经济中的地位有关。能源矿产在国民经济中具有基础地位，为了保证国计民生，对能源矿产的市场化交易的探索应更为谨慎。而非金属矿产种类数量较多，涉及国民经济发展的方方面面，小矿、伴生矿种多，采矿权市场化交易发展较为迅速，也更易操作。

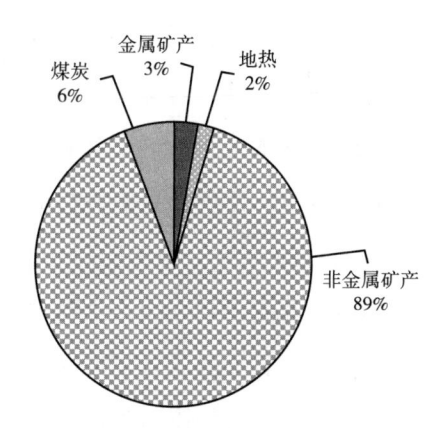

图 3.13　不同矿种的采矿权交易数量的占比

资料来源：笔者根据相关数据计算整理。

其次，采矿权所有制性质不均衡。从图 3.14 可以发现，不论是哪种采矿权交易方式，国有企业采矿权数量较少，民营企业采矿权占绝对优势。[①] 总体来看，国有企业采矿权 463 个，民营企业采矿权 2004 个，国有企业采矿权占采矿权交易总量的 18.8%。这与采矿权交易方式有关。在协议出让方式下，国有企业采矿权 35 个，大约为民营企业采矿权的 1/3，但在招拍挂方式下，国有企业采矿权 326 个，仅为采矿权交易总量的 13.2%。

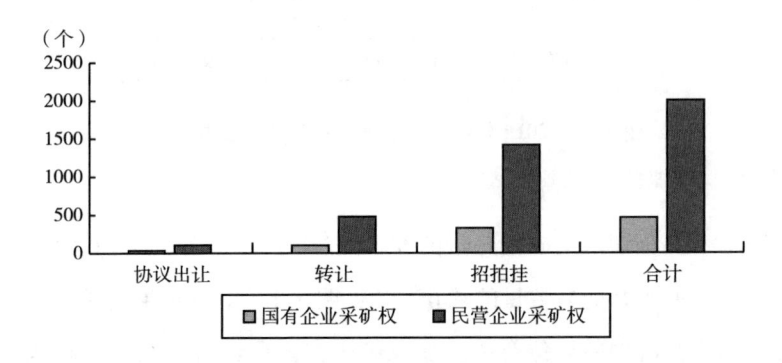

图 3.14 不同所有制属性的采矿权交易数量

资料来源：笔者根据相关数据计算整理。

更为重要的是，矿权所有制属性还与矿种以及矿产资源储量有关。以煤炭采矿权交易为例，本书根据煤炭采矿权交易的资源储量，以资源储量分位数为划分标准（见图 3.15）。研究发现，当交易的资源储量较低时，国有企业采矿权数量较少，而民营企业采矿权数量占 1/4 储量分位数总采矿权数量的 90.48%；随着资源储量的增加，民营企业采矿权交易数量逐渐下降，占 1/2 资源储量下采矿权交易数量的 78%，仍然远高于国有企业采矿权数量；但在资源储量较高时，民营企业采矿权降为 0，全部为国有企业采矿权。这说明在煤炭采矿权的交易中，资源储量越高，国有企业在采矿权交易中更有优势；而民营企业在采矿权中的交易优势体现在储量较少时。

[①] 国有企业包括国有控股、国有独资、集体企业以及其他具有国有企业背景的企业；民营企业包括自然人独资、企业控股或个人控股的法人单位。

第3章
中国资源型产业发展现状及问题分析

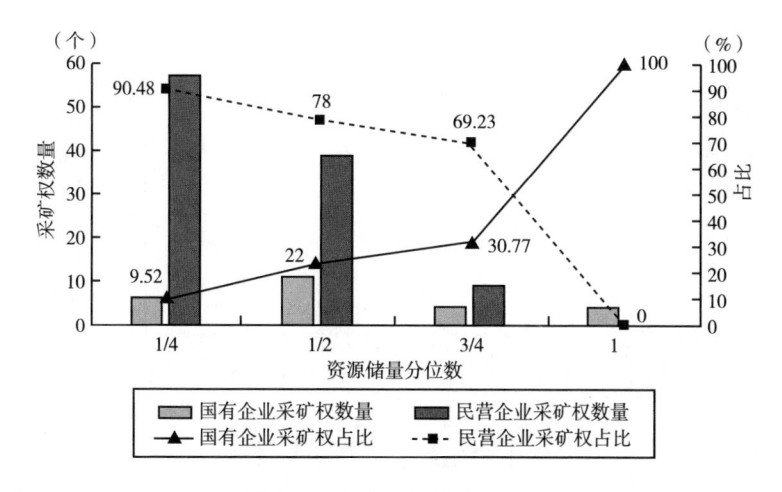

图 3.15　煤炭采矿权交易数量的所有制属性变化

资料来源：笔者根据相关数据计算整理。

最后，采矿权期限不均衡。由于采矿权交易出让和转让方式中大部分没有披露交易期限，本书以招拍挂采矿权交易数据为例，分析采矿权期限问题。根据《矿产资源开采登记管理办法》，采矿许可证有效期按照矿山建设规模确定：大型以上的，采矿许可证有效期最长为30年；中型的，采矿许可证有效期最长为20年；小型的，采矿许可证有效期最长为10年。根据这一划分标准，大中小型采矿权如图3.16所示。删除不具有独立法人资格的单位或个人后，招拍挂采矿权共1745个。在这些采矿权中，涉及矿种以非金属矿产资源为主，仅有少量为煤炭、地热等矿种。可以发现，大型采矿权仅占所有采矿权的4.42%，而小型采矿权的占比达83.85%。通常情况下，资源储量越多，采矿权年限越长。所以，综合来看，非金属矿产资源采矿权以小型矿山为主，大中型矿山较少，与煤炭资源采矿权的规模分类差异较大。从所有制属性来看，国有企业采矿权约占总采矿权数量的18.68%，民营企业采矿权约占81.32%。在326个国有企业采矿权中，大型国有企业采矿权只有16个。不管采矿规模大小与采矿权期限长短，民营企业采矿权都具有绝对优势。

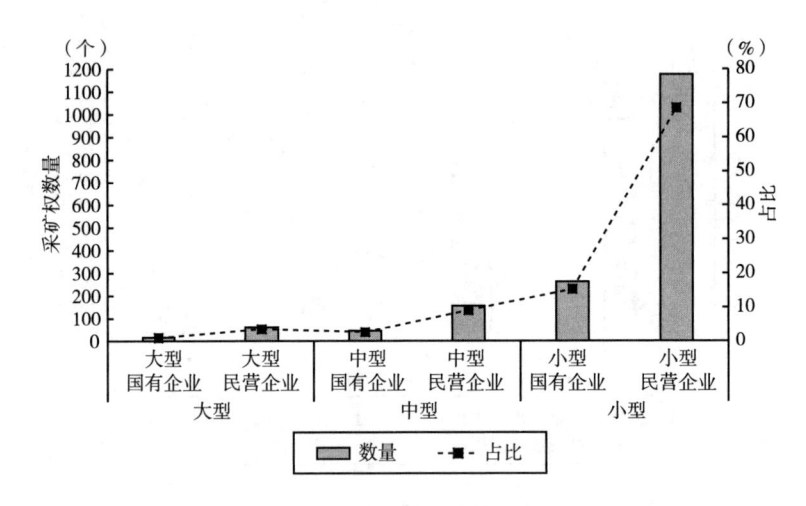

图 3.16　不同规模采矿权种类的国有企业与民营企业采矿权数量

资料来源：笔者根据相关数据计算整理。

3.4.3　矿业权配置不均衡、不稳定导致效率差异

为了加快矿业转型和绿色发展，中国形成了比较完善的绿色矿业发展激励政策体系，实行矿产资源支持政策，比如优先向绿色矿业发展示范区投放矿业权，以及为采矿企业技术研究开发及成果转化提供所得税减免、金融扶持等激励政策，鼓励采矿企业开展绿色技术创新，转变发展方式。但是，矿业权配置和交易的不均衡严重影响了资源型产业的集约化发展。

首先，采矿权期限普遍较短，中小型矿山缺乏绿色发展的能力与动力。2019 年以招拍挂等方式实现的采矿权中，中小型矿权数量仍然占绝对优势（超过 84%），其中，采矿许可证有效期 5 年以内的近 60%；而大型矿权占比不足 4%。小型矿权的进入门槛低，企业规模往往较小，缺乏集约高效开采资源的能力，粗放式开采会带来严重的资源浪费。同时，较短的矿权有效期也导致企业缺乏绿色技术创新、发展集约高效发展模式的内在激励。

其次，在资源产权配置结构与效率方面，产业间与产业内效率差异较大。以采矿业为例，从国有企业数量与产值占比来看，中国采矿业国有及国有控股企业数量与产值同非国有企业相比，均占绝对优势，其中，以石油和天然气开采业、煤炭开采和洗选业最为明显。综合国家统计局、中国工业统计年鉴以及相关行业报告等数据可以发现，2024年，中国采矿业企业总数约1.25万家，国有企业数量相对较少，不足企业总数的10%，但在煤炭、石油等领域，石油和天然气开采业国有企业数量占比仍然远高于非国有企业数量，其产值占比也始终保持在占该产业总产值的80%以上；煤炭开采与洗选业领域，国有企业产值占比始终保持在占行业总产值的50%以上。而非金属矿采选业和有色金属矿采选业则恰恰相反，国有企业产权配置与效率均处于较低水平。尽管在战略性新兴市场中，非国有企业发展迅速，相关产业的非国有企业产值迅速增加，但仍然没有改变非国有企业低企业数量和低产业产值的现状。由于产权制度不完善与产权配置不均衡，采矿业规模经济体现不明显，平均规模生产效率低，产业间差异较大。

另外，矿业权的不稳定性与不安全性在推动企业绿色技术创新的同时，也容易产生不利影响。建设绿色矿山是实现矿产资源的规模化和集约化开发，以绿色开发和技术创新推动产业绿色升级的有效途径。然而，在绿色矿山建设过程中，很多地区采取采矿权退出、淘汰关闭落后矿山企业的方式，倒逼矿山企业进行绿色技术创新。虽然这在一定程度上能够刺激企业创新，加快绿色矿山建设，但也正是因为如此，导致了矿权不安全性的问题。无独有偶，在各级政府"生态保护优先"的原则下，政策性关闭矿山采矿许可证更是加剧了采矿企业对采矿权不安全的预期，影响企业转变发展方式。

2017年国土资源部下发《自然保护区内矿业权清理工作方案》，对国家自然保护区内的矿业权进行清理核查。随后，近20个省份出台相关文件，限期清理各类保护区的矿业权，更是开启了以矿业权退出为手段实施生态环境管理的方式。2019年，山东省发布《关于进一步规范推进自然保护区内矿业权退出工作的通知》，更是将矿业权退出范围扩大到其他各类自然保护区及生态红线内矿业权。这给采矿企业带来了较大影响，也给当地经济发展与社会稳定带来不利影响。那么，矿业权退出真的是促进矿产资源有效开发与环境保护的双赢策略吗？特别是在中国中小型矿权比例过高的情况下，较短的采矿权期限和矿权不安全性预期是否会加剧企业的短期行为，使采矿企业更注重短期目标，而忽视绿色技术创新以及转型发展带来的长期收益呢？这是在实施矿业权规制时应该考虑的现实问题。

3.5　环境规制现状及问题分析

为了缓解节能减排压力，实现产业绿色升级，中国从20世纪90年代开始实施环境规制政策。特别是近些年来，针对资源型产业紧迫的资源与环境问题，中国政府规制政策工具呈现多元化趋势，如资源税改革、排污交易许可证试点、环境保护费改税实施等。环境政策工具对于纠正绿色技术创新的市场失灵、促进企业绿色减排技术创新更具有针对性。国内外研究与实践也证实了环境规制能够有效促进节能减排，还通过对产业发展创造新的约束和激励来影响技术创新。

3.5.1　以环境规制化解双重负外部性

在环境污染给中国带来较为严重的经济损失背景下，政府采用各种环境规制工具和污染控制方式解决环境问题。借鉴国际先进经验，政府环境规制手段与时俱进，取得了较好的效果。比如，碳排放权交易制度对有效控制二氧化碳排放总量和排放强度均具有显著的限制作用。2011年以来，中国陆续开展碳排放权交易试点，并纳入多个行业。根据生态环境部数据，2022年中国碳排放强度持续降低，比2005年下降超过51%。《全国碳市场发展报告（2024）》显示，2021年度和2022年度，全国碳排放权交易市场年度覆盖温室气体排放约51亿吨二氧化碳当量，截至2023年年底，碳排放配额累计成交量达到4.42亿吨，累计成交额达249.19亿元。而根据排放污染物的企事业单位和其他生产经营者污染物产生量、排放量和环境危害程度，中国也陆续实行了环境保护费改税、建立排污权交易体系、提高污染处理费收缴率等规制手段，同样对改善企业行为具有重要作用。排污许可证制度包括大气污染防治许可制度、固定污染物排放许可证制度等，实行主要污染物排放权有偿使用和交易管理。重金属污染治理总量控制制度是对排污企业发放可交易许可证，企业间通过交易机构可以转让富余排污指标，并由政府给予减排企业适当资金补助，以此促进企业主动减排。2016年4月，湖南省政府出台《湖南省重金属总量指标交易管理规程（试行）》，对重金属排放基数、减排量、重金属排放许可证交易进行了规定，并为了支持鼓励企业实施重金属污染治理，对没有参与实施有偿使用许可证的企业，给予减排企业每千克重金属80元补贴。2018年1月1日开征的环境保护税也同样给予了企业规制成本的平转机会。根据《环境保护税法》计税依据和应纳税额条款，只要企业减少污染物排放就可以少缴税，但这取决于企业减排技术研发成本与规制成本。

3.5.2 环境规制加剧企业成本压力

不同种类的环境规制工具对企业污染治理成本与投入，以及绿色技术创新的影响是不同的，必然会产生不同的环境治理结果。环境规制一般可以分为市场型环境规制和命令控制型环境规制，而市场型环境规制又可以分为价格型与数量型（Wenders，1975）。排污税、可交易排放许可等通过影响边际污染价格对企业污染排放产生影响，而排放标准则通过控制排放数量实现污染控制。一般而言，市场型环境规制更强调规制过程中的灵活性，比如排污税、排污补贴与可交易排污权等，这类规制更注重规制目标的最终实现，而企业在污染控制过程中可以选择维持现状，也可以实施末端治理，或者以技术创新降低污染排放，从而降低运营总成本。而命令控制型环境规制，或者称之为行政命令式规制，是政府通过直接干预，使企业提高技术标准、增加污染防治的设备引进和末端治理费用等以达到污染防治目标（张倩，2018），比如清洁生产审核制度、"三同时"制度以及环保罚款等。以燃煤陶瓷企业为例，2018年生态环境部要求京津冀"2+26"城市执行大气污染物特别排放限值，要求企业对生产开展低排放改造，如果达不到限值，将责令企业整改或限制生产、停产整治，并处罚款，甚至可责令停业、关闭。河南省政府在2018年出台《河南省2018年大气污染防治攻坚实施方案》，要求省内开展工业煤气发生炉等的拆除或清洁能源改造工作。这一环保要求旨在从源头上控制煤炭使用，减少大气污染物产生。该要求使得河南省陶瓷企业必须要改用天然气生产，否则会面临停产、停业或罚款处罚。但较高的燃料成本增加了燃煤陶瓷企业的生产成本，在环保压力下，部分已经"煤改气"的陶瓷企业由于失去成本竞争优势而停产。2019年，河北省要求陶瓷企业全面改用天然气，导致河北省高邑县等地的陶瓷企业大面积停产。

2018年《中华人民共和国环境保护税法》开始实施，环境税的征收倒逼企业增加环保投资，污染型企业生产成本大大增加。污染问题通过加剧政府环境规制政策强度，增加企业排污行为的治理成本，进而影响企业创新行为和污染治理方式选择（张红凤等，2009；罗能生等，2019）。对于企业而言，治污投入与治污成本是必须考虑的关键问题。环境规制将企业环境污染的负外部性内部化为企业成本，激励（倒逼）企业推进生产技术创新和治污技术研发，降低污染物排放强度，实现企业成本最小化和环境保护双重目标。在环保成本和减排技术投入两者间应该作何选择，这不仅直接关系到企业的研发行为，还关系到绿色技术提升与环境保护绩效。

3.5.3 环境规制效果的不确定性

当前，环境规制对绿色技术创新的影响出现了两种极端。一方面，环境规制强度过大，导致企业遵循规制成本过高，虽然降低了污染排放，但是却付出了巨大的经济代价，正如前面所分析的情况；另一方面，环境规制不足以弥补外部性成本，无法有效实现污染减排与技术创新的双重红利。这就导致环境规制效果的不确定性，形成政府规制与企业污染排放的"此起彼伏"，企业面临政策的多重约束，政府则需要付出较高的资源环境管理成本，在经济与环境中取舍，难以形成"双赢"。

在环境规制工具中，环境税是政府在经济与环境之间衡量的典型工具，当规制效果无法达到预期时，需要政府采取额外的规制约束。在我国，为了实现排污费向环境税的平稳过渡，环境税遵循"税负平移"原则。根据《中华人民共和国环境保护税法》的规定，大气污染物的应税税额幅度为1.2元～12元每污染当量，水污染物的应税税额幅度为1.4元～14元每污染当量。同时，该税法第六条明确规定，"应税大气污染物和水污染物的具体适用税额的确定和调整"由各省、自治区、直辖市人民政府"统筹考虑本地区环境承载能力、污染物排放现状和经济社会生态发展目标要求，在本法所附《环境保护税税目税额表》规定的税额幅度内提出"。同时，辅以税收减免政策，以"多排多缴，少排少缴，不排不缴"为原则，实现对排污行为的反向约束与正向激励作用，倒逼排污企业增加环保投入，通过淘汰落后产能、引进先进治污技术和设施降低污染排放，提升绿色技术创新水平。从2018年各省（区、市）环境税率数据来看，大部分省份均在遵循"税负平移"的原则上进行了调整，其中，北京、上海、天津等东部经济较发达省份往往处于较高的标准区间，而山西、辽宁、安徽、江西等中西部省份的税率则处于中低水平（见图3.17）。

然而，与资源型产业较高的外部性相比，环境税普遍较低。环境税税率是否合适，关系到税收能否弥补环境治理成本和环境损害修复成本，以及是否能够有效引导企业的生产经营行为，以减少污染并改善生态环境。由于不同污染源的污染控制水平不同，税率也不同。以山西省为例，山西省是中国重要的煤炭能源基地，国家统计局数据显示，2022年山西省煤炭产量达130714.6万吨，占中国原煤产量的29.07%，超过内蒙古的117409.6万吨，二氧化硫排放量为12.85万吨，占全国二氧化硫排放量的5.27%。但山西省环境税率水平则处于较低水平，大气污染税和水污染税每污染当量分别为1.8元和2.1元。尽管这一标准高于多数中西部省份，但相比于山西省的污

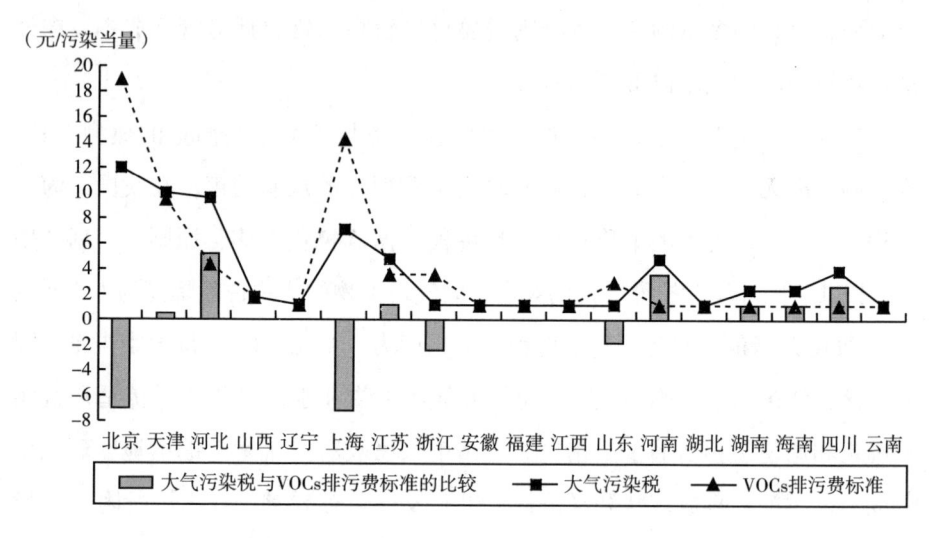

图 3.17　部分省份 2018 年大气污染税与 2017 年 VOCs 排污费标准对比

注：VOCs 排污费标准采用 2017 年的数据，当时，中国有 19 个省（区、市）征收 VOCs 排污费。其中，北京和天津的 VOCs 排污费标准分别为 20 元/公斤和 10 元/公斤，本书按照 VOCs 污染当量值为 0.95 千克予以换算。河北 VOCs 排污费标准，以及上海 VOCs 排污费标准和大气污染税额等均设置了三年调整区间，本书取平均值。

资料来源：笔者整理计算。

染排放强度，环境税率水平显然无法完全内部化污染治理成本，很难对企业排污行为形成约束作用和绿色技术激励作用。特别是对于高污染、高耗能的资源型产业，各省、区、市较低的税率水平造成的外部性成本内部化不足可能更为严重，这可能会削弱环境税的节能减排效应和技术创新激励作用。

3.6　本章小结

通过梳理可以发现，改革开放 40 多年来，粗放型增长方式带来的资源环境外部性问题已经得到了广泛重视。尽管政策引导以技术创新推动产业转型升级和绿色发展取得了重大进展，效果显著，但仍然存在很多问题。此外，产权和政府规制固然是推动绿色发展的有效选择，但政策间的叠加效应是"过犹不及"还是"恰到好处"，往往受到很多因素的影响。因此，如何有效评估负外部性以及规制政策的绿色技术创新效果，是建立资源型产业绿色技术创新激励体系不可忽视的重要一环。

由于矿产资源的稀缺性与不可再生性，对资源型产业负外部性成本的有效评估必不可少。当前矿业权配置结构不合理以及不安全性、不稳定性加剧了资源过度开采与使用，而资源型产业的环境规制与产业政策很多，传统环境规制的"一刀切"在面对资源产权特性与负外部性特性时并不完全适用，因此，研究产权结构配置与产权安全性下的资源型产业绿色技术创新问题就显得很有必要；同时，结合环境规制强度、环境规制工具对绿色技术的偏向性影响，也更有利于构建政府政策与规制体系，发挥政策的最优效果。由此，本书后续章节将立足资源型产业的负外部性问题，通过理论模型与实证模型相结合，分析规制影响机制，构建矿业权的产权因素与环境规制对绿色技术创新的影响体系，为中国资源型产业的绿色技术创新政策体系设计提供参考。

第 4 章
中国资源型产业绿色技术创新的 R – SCP 理论框架

4.1 SCP 范式的发展与演变

4.1.1 SCP 范式的发展

在产业组织理论中,SCP 范式是开展经验研究的经典范式,从哈佛学派到芝加哥学派,"结构—行为—绩效"(Structure-Conduct-Performance)的产业分析框架不断演化发展。哈佛学派建立了该理论体系的单向因果关系,认为产业结构决定产业内状态,并进而影响企业行为,最终影响经济绩效,主要考察产业组织变动对产业内资源配置效率的影响作用。芝加哥学派修正了该范式,认为结构—行为—绩效之间具有多重关系,而市场绩效在这一关系链中处于决定性地位。新产业组织理论和新制度学派等将研究重点从重视企业行为的研究转向产权结构与组织结构对企业行为与绩效的影响领域,是对 SCP 范式的拓展与创新。

20 世纪 30 年代,哈佛学派成立了第一个正式研究产业组织理论的研究机构,并将对产业组织问题的关注转向市场结构与组织结构,以及与之有关的厂商行为与市场结果。1940 年,克拉克提出了有效竞争概念,认为公共政策的作用有利于缩小市场竞争与规模经济之间的矛盾,政府政策是实现有效竞争的主要方式。在此之后，爱德华·梅森（E. Mason）进一步扩展了对有效竞争的论述，并提出了有效竞争的市场结构标准和市场绩效标准。后续有学者继续按照结构—行为—绩效范式总结概括了前人对有效竞争标准的判断。但是，这些论述仅能够作为政府政策制定的依据，在政策评价中存在价值判断与技术性问题，无法得到较好的理论应用效果（李振军，2007）。贝恩（Bain, 1956）论述了市场结构、市场行为与市场绩效的基本研究范式，并将之与政府公共政策（产业政策）联系起来。随后，舍雷尔（Scherer, 1990）进一步总结了市场行为与市场绩效之间的影响关系，弥补了贝恩理论的不足，并形成了一般性的"结构—行为—绩效"研究范式，构建了系统化的产业分析框架。但是，该理论体系建立的是结构—行为—绩效的单向因果关系。

作为经验研究的经典范式，SCP 范式认为产业结构决定产业内状态并影响企业行为，并进而最终影响经济绩效，主要考察产业组织变动对产业内资源配置效率的影响作用。在贝恩的政策主张中，垄断的市场结构是导致市场行为效果不良并进而致使市场绩效不好的主要原因。舍雷尔进一步明确了政府规制与市场结构和市场行为的关系，认为规制的目的就是通过改善市场结构和市场行为而达到改善绩效的目的。由此可见，哈佛学派主张的 SCP 范式认为，在这种情况下需要政府干预来维持有效竞争的市场结构，并最终形成较好的市场绩效。由此可见，规制在 SCP 范式中具有重要的作用，但是，哈佛学派对政府规制的主张主要集中于解决企业垄断行为产生的市场结构问题。也正因为如此，哈佛学派的 SCP 理论分析框架成为政府反垄断政策制定的依据。作为产业组织理论的开创者，哈佛学派提出的结构—行为—绩效理论框架成为产业组织理论的基本分析范式，其理论与政策的伟大贡献是显而易见的。然而，通过理论发展与回顾可以发现，竞争与规模经济的矛盾对哈佛学派理论主张的产生与发展具有重大影响，如何提高有效竞争和资源配置效率以改善市场绩效是 SCP 范式的主要目标。诚然，竞争作为市场有效配置资源的有效机制，对市场绩效的作用是不可忽视的。但是，导致垄断竞争低效率或无效率的原因并不仅仅在于产业组织本身的垄断行为，还包括产业政策导致的行政性垄断等因素，因此，仅考虑政府规制对企业垄断行为的作用是不够的。

由于哈佛学派的反垄断政策主张并不能完全解决产业组织的现实发展问题，芝加哥学派对 SCP 范式提出了修正，认为产业结构—市场行为以及市场绩效之间是相互影响的，具有多重关系，而不是单向因果关系，并肯定了市场绩效在上述关系链中的决定性地位。斯蒂格勒（1968）提出了以市场效率而不是有效竞争为判断市场结构与市场行为标准的观点。芝加哥学派认为，即使不是完全竞争的市场结构也能够获得高效率，市场结构对市场行为与市场绩效并不具有决定性作用，在激烈的市场竞争下，市场行为或市场绩效反而能够决定市场结构。同时，该学派还否定了政府规制对形成长期竞争均衡的有效性，只要市场绩效良好，即使存在垄断市场结构，也不需要政府规制的干预。新产业组织理论将研究重点从市场结构转向市场行为，打破了以往研究中的单向关系设定和静态研究。

SCP 范式的发展经历了不同学派在研究思路、方法论以及理论基础上的不断拓展与创新，该理论框架也逐渐完善。尽管在市场结构、市场行为与市场绩效之间关系的发展中形成了不同的政府规制主张与观点。但是，可以肯定的是，由于受到不同外部环境以及产业组织内部不同策略性行为的影响，结构、行为、绩效之间的影响关系是相互的，也具有循环性，这为本书的研究提供了基础的理论分析框架。

4.1.2 SCP 范式在中国的拓展与应用

随着政府制度与经济增长的关系研究，制度差异对经济绩效产生不同的影响（Persson and Tabellini, 2006），制度因素开始被引入 SCP 框架。对于政府规制在产业发展中发挥重要地位的产业来说，SCP 范式因没有明确将政府规制纳入其中而限制了解释力和应用范围。郁义鸿和管锡展（2006）通过将政府规制内生化，扩展形成了 SCP‐R 的研究框架，郁义鸿和张华祥（2014）考虑到政府规制在电力改革中的指导作用与目标效应，认为政府规制的作用不仅直接作用于市场结构，还对企业行为产生影响，由此形成了动态调整的 R‐SCP 范式。另外，部分学者也对评估市场机制有效性的市场绩效问题进行了拓展，由单一市场效率扩展到产业链效率范畴，由于最终产品以及产品生产投入与产出的不同，不同产业特性不同，单一的市场效率评估难以形成有效的规制意义（郁义鸿，2005）。凌超和郁义鸿（2015）等将对 SCP 范式的市场绩效扩展到产业链绩效，并主张以产业链为基础提供政府政策和鼓励竞争对创新的重要性。然而，中国在某些产业普遍存在政府过度干预的情况，应该特别关注此类进入壁垒对市场效率的损害作用，将市场过程纳入政府反垄断规制，从长期动态效率来看，一定程度的垄断地位及由此带来的高额利润是推动技术创新的有效保证，也更能发挥市场机制在技术进步中的有效作用，否则，由于缺乏利润的驱动作用，市场竞争很可能难以发挥应有的作用，如果此时以政府规制干预市场结构和市场过程，充分竞争将更难以实现（郁义鸿，2005）。

在资源型产业的应用研究中，R‐SCP 框架主要用于分析各类型产业组织的优化、市场绩效以及技术效率分析等。比如，范玉仙和袁晓玲（2016）将规制分为经济规制和环境规制，采用 R‐SCP 框架研究了中国电力行业的技术效率问题，类似的研究还有杨莉（2009）等。但是，针对政府规制与绩效之间关系的相关研究难以明确说明二者的因果关系，规制、结构、行为与绩效之间的因果关系也很难明确界定。由于资源型产业的双重负外部性特征引致了绿色技术创新对政府规制更强烈的需求，原有 SCP 框架及其发展与应用缺乏对政府规制和结构—行为—绩效之间关系的明确研究，本书有必要在 SCP 范式基础上阐明 R‐SCP 研究框架内双向互动的闭环型关系，使之更加适用于中国资源型产业的研究。

4.2 中国资源型产业绿色技术创新的研究思路

4.2.1 SCP范式应用于资源型产业绿色技术创新的局限性

哈佛学派对结构—行为—绩效的理论框架与经验研究形成了其反垄断政策的理论主张，尤其是市场结构处于非完全竞争情况时企业垄断行为的政府干预，形成了较为完整的产业有效竞争与效率评价的理论体系。因此，哈佛学派的SCP范式天然具有政府规制（R）的影子，即SCP－R的单向系统性逻辑分析框架，市场结构决定企业的行为与市场绩效，而市场绩效的好坏又决定了政府规制。尽管SCP范式的发展演化过程逐渐揭示了结构、行为与绩效之间的相互关系，政策主张也在现实经济发展与理论推进中逐渐复杂化。但是，SCP范式的发展始终没有完全脱离竞争、效率与规制之间关系的讨论，是否需要政府规制、规制如何发挥作用形成更好的市场结构并改善市场绩效等问题都具有争议性。

第一，矿产资源的共有产权特征导致市场结构被锁定。按照SCP范式的理论逻辑，不同的市场结构决定企业的行为，并产生不同的绩效结果。然而，尽管产业所处的大环境具有相似性，但是，不同产业对外部环境的感知力并不一致。产业环境变化会带来市场结构的转变，这些环境因素不仅包括产业层面上的产品特性、市场特点以及企业规模等带来的进入退出壁垒，还包括政府的宏观政策与技术性标准形成的产业进入壁垒，比如中国资源型产业中的石油、天然气等行业的行政性垄断。在后面这种情况下，市场结构并不由市场竞争自主决定，任何企业行为都无法对市场结构产生决定性作用。尽管企业可以通过各类策略性行为对市场绩效产生影响，但是结构、行为与绩效之间的反馈关系却始终是在政府行政性垄断这个前提下进行的，市场结构无法趋于完全竞争均衡，那么企业行为转变带来的市场效率的改善也会始终难以达到有效竞争均衡。如果不能打破政府行政性垄断，从源头上解决政策对市场结构的锁定，那么，SCP范式所主张的市场结构对行为和绩效的决定作用就难以发挥，此时，政府规制对垄断性企业行为的作用也只能"头痛医头，脚痛医脚"，难以对垄断市场结构产生任何改变，规制实施的最终效果也会受到质疑。

第二，绿色技术创新的公共性会带来创新行为的不完全市场性。SCP范式应用于中国资源型产业绿色技术创新的另一个局限性在于企业行为的不完全市场性和绿色技术创新绩效的公共性。不管是以有效竞争为前提还是以市场绩效的好坏为标准，SCP范式的目标始终是提高市场绩效水平。按照SCP范式的分析逻辑，市场结构决定市场行为，市场行为产生市场绩效，市场绩效是企业行为作用于市场过程的结果，政府公共政策是以纠正市场绩效为目标，而市场绩效的基础是认为厂商具有追求利润最大化的目标，即通过政府规制影响市场机制的运作以达到竞争均衡的绩效水平。在垄断竞争的市场结构下，企业追求利润的内在动力会导致市场行为过程脱离有效竞争状态，政府规制更多是通过结构规制或行为规制来改变企业行为和市场绩效。然而，绿色技术创新与利润不同，对利润的追求是厂商的天然目标，而绿色技术创新则是外生的，对绿色技术创新的追求更大程度上属于社会福利最大化的目标，是可持续发展过程中催生出的具有政治意识的社会化概念。因而，绿色技术创新需要借助规制才能实现。企业所处的市场结构并不具有开展绿色技术创新的机制，也不具备主动开展绿色技术创新行为的驱动力，绿色技术创新绩效的好坏与市场结构、市场行为不存在决定性的因果关系。在此，单纯以改变市场结构和市场行为来调整绿色技术创新绩效的政府规制难以发挥有效作用，SCP范式的应用缺乏必要的现实基础。尽管在产业发展大环境转变和政府规制主导下，对绿色技术创新标准的评价与认定已经开始成为政府规制企业行为的重要手段，也在改变着一些产业的市场结构和市场行为，但从深层次意义上而言，是政府规制通过影响企业成本和行为影响了绿色技术创新绩效，而不是政府规制改变了市场结构和市场行为。因此，SCP范式不具备应用于资源型产业绿色技术创新的分析的充分性，规制始终是影响绿色技术创新的前提，也是决定企业绿色技术创新行为不可缺失的重要变量。

4.2.2 资源型产业绿色技术创新绩效与政府规制的关系

深入分析中国资源型产业的绿色技术创新可以发现，产业组织的绿色技术创新水平低以及创新动力不足等问题并不完全由市场结构的非有效竞争产生，很大程度上受中国宏观经济发展模式，即长期追求经济增长速度的产业发展环境影响，加之矿产资源的稀缺性和可耗竭性影响下的中国矿产资源产权制度等政府层面的法律法规、产业政策与公共政策等因素，进一步影响了资源型产业对绿色技术创新的认识，而绿色技术创新的公共产品属性则加剧了企业缺乏绿色创新动力的现状，导致企业很少或没有将发展策略和行为向绿色技术创新倾斜。由于政府在资源产权获得方面的先天优势和行政性垄断导致的垄断竞争结构，市场机制无法解决资源型产业绿色技术创新的绩效问题，政府对企业的行为规制、结构规制等难以矫正绿色技术创新的市场失灵，需要在分析绿色技术创新绩效与政府规制间关系的基础上，以不同的规制手段化解绿色技术创新的绩效困境。

绿色技术创新问题并不是资源型产业独有，在中国长期追求经济快速发展的粗放型发展模式下，对资源与环境的忽视是经济发展过程中各产业普遍存在的问题。这也是中国向高质量发展模式转变过程中，将环境问题视为发展短板的原因所在。而矿产资源作为国民经济发展的基础性要素，是支撑中国经济快速发展的物质基础，在大环境发展影响下，过度开采和过度消耗等粗放型发展模式成为资源型产业保障全国能源资源供给的有效途径。然而，进入经济社会发展转型期后，资源环境问题的重要性日益凸显，以绿色技术创新为驱动力的产业转型升级成为产业高质量发展的战略性要求。在环境问题和资源耗竭问题的双重加持下，资源型产业的绿色技术创新变得尤为重要。因此，绿色技术创新在一定程度上具有国家层面的政策意义，提高绿色技术创新绩效是政府追求社会福利优化的目标在产业组织层面上的具体体现，这就说明了政府公共政策在转变资源型产业绿色技术创新行为与绩效水平的重

第 4 章
中国资源型产业绿色技术创新的 R – SCP 理论框架

要性。从这个意义而言,政府规制对绿色技术创新绩效改善的必要性与迫切性的影响大于 SCP 范式中较低的市场绩效对政府干预的需要程度,这是本书采用 R – SCP 范式的一个重要原因。

在资源型产业转型升级中,仅从国家产业政策层面对绿色技术创新实施规制还是不够的,规制要想发挥有效性,还要与竞争相结合。由于中国矿产资源属于国家所有,矿产资源的稀缺性与重要性导致资源产权的获得具有强政府特征,国有企业具有获得资源产权的先天优势,即使是在市场趋于完全竞争的非金属矿产资源领域,不够完善的产权交易市场化体系仍然会影响市场竞争的有效性。产权的进入规制直接对资源型产业市场结构和市场行为产生影响,也会影响绿色技术创新行为,这显然不利于资源型产业的转型发展。从进入规制对市场结构和行为绩效的影响可以发现,市场结构的政府规制是最大限度地减少市场的进入和退出障碍(王冰、黄岱,2005)。如果放松产权的进入规制,将绿色技术标准纳入进入规制体系,通过不断完善产权制度的市场化交易手段,弱化产权进入规制对资源型产业市场效率的影响,强化市场竞争机制对绿色技术创新的影响作用,可以促进资源型产业的绿色技术竞争,改变因行政性垄断带来的效率损失。尽管放松进入规制对垄断产生影响,并以促进竞争作用于绿色技术创新,但却并不能完全保证所有权的改变可能导致政府规制的低效率或规制失灵(白让让、郁义鸿,2004),可能的结果是进入规制对绿色技术创新的影响无法满足产业转型升级发展的需要,至少在环境问题方面还需要其他公共规制手段直接作用于结构、行为或绩效环节。

在资源型产业的高质量发展过程中,单一规制的绿色技术创新作用程度与范围是有限的,引入竞争的产权进入规制并不能完全解决绿色技术创新绩效不良的问题。如果不能从根本上转变与环境和资源能源消耗有关的企业行为,绿色技术创新绩效的改善将难以为继。在资源型产业中,作为政府规制的重要组成部分,环境规制通过影响企业的生产经营行为、污染处理行为等实现环境绩效的改善。但是,由于环境规制的直接目标并不是绿色技术创新,是否能够对企业的绿色技术创新行为产生有效的影响是不确定的。如何发挥环境规制对企业绿色技术创新行为的引致效应不仅取决于规制工具作用于企业行为的影响机制、资源型产业的生产经营特点等，还与产业发展环境下企业对环境规制的应对行为有关。环境规制对企业行为最直接的影响是产生一个规制成本，包括应对规制的直接成本和沉没成本，因此，环境规制对企业行为的影响作用如何作用于绿色技术创新绩效仍然存在争议。在这种情况下，环境规制对绿色技术创新的影响也是不确定的。至于环境规制是作用于企业行为，还是直接影响绿色技术创新绩效，则需要根据不同情境具体分析。与产权的进入规制相比，环境规制种类中，市场型环境规制工具更多是影响企业成本结构，行政命令型环境规制则更多是直接影响企业行为，包括生产经营行为、技术创新行为以及污染处理行为等。究竟哪种规制对绿色技术创新更有效率，或者与产权进入规制同时实施情况下对绿色技术创新产生何种作用，是本书需要具体分析的问题（见图4.1）。

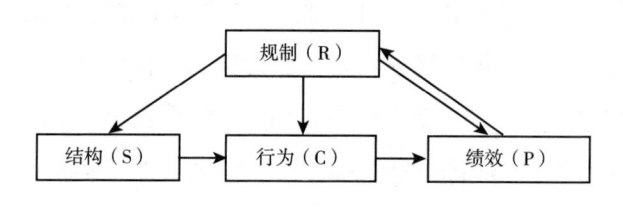

图 4.1　R – SCP 理论框架的逻辑结构

4.3　闭环型 R – SCP 理论分析框架

4.3.1　R – SCP 理论框架的逻辑思路

从之前的论述可以发现，由于绿色技术创新的公共产品属性，市场机制无法实现对企业绿色技术创新的有效激励，存在市场失灵。也就是说，无论是矿产资源本身的可耗竭特性，还是资源型产业的绿色转型发展，都难以依靠市场机制予以解决，需要政府的有效干预。规制理论也认为，当存在外部

第4章 中国资源型产业绿色技术创新的 R-SCP 理论框架

不经济时,政府规制是解决外部不经济的有效手段。尽管 SCP 范式和规制理论的政策目标都是提高效率,在解决资源型产业的绿色技术创新问题时,规制理论和 SCP 范式的政策主张都很难通过竞争与规制有效实现创新资源的配置改善和绩效提升,因此,研究资源型产业的绿色技术创新问题需要一种新的理论框架作为指导。

本书认为,需要在 SCP 范式的政策主张基础上,强化政府规制,以规制为核心建立政府规制、资源型产业结构、企业创新行为以及绿色技术创新绩效的关系框架,四者之间是相互影响的,并且在动态发展中呈现闭环型。由于本书是以资源型产业绿色技术创新的现实分析为基础,以政府规制为切入点,主要开展矿业权配置与环境规制对绿色技术创新的影响研究,因此,本书在现代产业组织 SCP 研究范式基础上,引入并强化政府规制的作用,以 R-SCP 的闭环型研究范式探讨中国资源型产业的绿色技术创新问题。

中国资源型产业转型发展过程中,绿色技术创新绩效是产业绩效不可忽视的组成部分,是产业内部创新资源配置的结果。在当前产业发展现实中,资源型企业绿色技术创新能力与水平普遍低于其他产业,难以满足产业绿色转型升级的需要。而双重外部性加剧了该产业绿色技术创新与转型升级的迫切性。但是,由于绿色技术创新的公共产品属性,市场机制难以形成对企业绿色技术创新的有效激励,需要政府规制和产业政策发挥作用,包括环境规制、资源产权的进入退出规制以及其他相关的政府行政干预手段。应借助政府规制改变资源型产业的进入与退出门槛,影响市场结构和产业结构,并对相关企业的绿色技术创新资源配置产生影响,激励企业绿色技术进步,从整体上提升资源型产业的绿色技术创新水平。在这个过程中,资源型企业的绿色技术创新水平得到提升,生产成本结构与环境承担成本等均发生变化,在矿业权的进入与存续竞争中更具有优势,市场结构也随之改变。此时,初始的政府规制工具与规制强度已难以有效发挥作用,政府随之进行相应的政策调整,并引发新一轮的结构与绩效变化。

假设初始的绿色技术创新水平为 P_1,此时,负外部性较高,绿色技术创新水平较低。为了改变资源型企业缺乏绿色技术创新动力的现状，政府以不同的规制工具引导资源型产业的市场结构变化，比如煤炭产业的兼并重组、采矿权的进入与退出限制等，并进而影响资源型企业绿色技术创新行为；或者改变企业成本结构，并作用于企业绿色技术创新投入与产出，通过调整产业（企业）创新资源的配置作用于企业绿色技术创新水平，形成新的绿色技术创新绩效 P_i，其中，$P_1 < P_i < P_2$。例如，根据污染物产生量、排放量以及环境危害程度，通过环境规制内部化负外部性成本，影响矿业企业的成本最小化决策，即交易成本规制；征收环境税和政府行政命令，发挥政府行政管理成本的优势，结合市场化规制手段与政府行政能力，干预企业环境行为，通过对企业成本和预期收益的影响，作用于绿色技术创新行为，并进而提高绿色技术创新绩效。类似的政府规制工具与产业政策还有清洁生产标准、污染物的总量控制以及绿色研发补贴等。

政府规制和政策对资源型产业的作用是渐进的，在规制—结构—行为—绩效的循环往复影响下，资源型产业绿色技术创新水平不断提高，从 P_1 逐渐提升到 P_2 的水平，双重外部性的负面影响也逐渐降低。在这个过程中，以绿色技术创新为驱动的资源型产业转型升级不断发展，甚至推动中国总体经济社会的可持续发展水平（见图 4.2）。

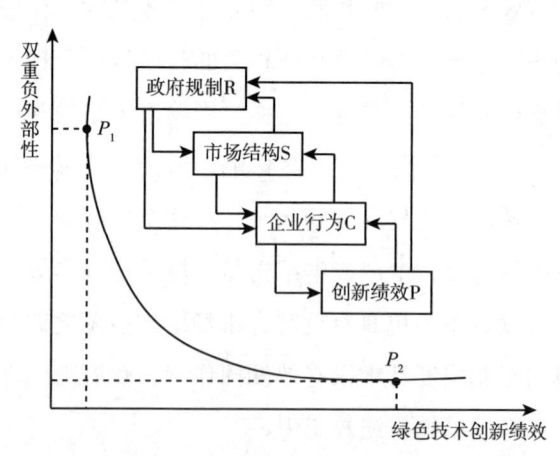

图 4.2　R-SCP 研究框架示意图

4.3.2　R–SCP 理论框架在中国资源型产业绿色技术创新中的应用

尽管政府在资源产权制度方面不断改革，并探索市场机制与政府干预的有效结合，也针对环境负外部性问题逐渐发展多元化的环境规制工具，但是这并不意味着资源型产业市场结构的根本性转变。由于很多矿产资源关系到国家命脉与资源安全，能源矿产及稀有矿产的垄断市场结构仍将占主导地位，此时，传统的 SCP 范式以及扩展的 SCP–R 均无法有效解决资源型产业绿色技术创新绩效不足的问题。R–SCP 闭环型理论框架为资源型产业绿色技术创新问题提供了指导。

本书的研究遵循 R–SCP 理论框架，从资源型产业绿色技术创新问题出发。在中国高质量发展阶段中，以绿色技术创新为驱动的产业高质量发展是重要内容，然而，资源型产业存在的绿色技术创新绩效低、创新能力不足等问题也是不容忽视的现实。在传统的快速发展模式下，对高能耗、高污染、高排放发展模式的过度依赖导致了对矿产资源的过度开采和过度利用，高质量发展的转型要求对绿色技术创新的需求也不断提升。而在长期粗放式发展和中国资源产权不明晰不确定等各种因素影响下，资源型企业发展的路径依赖却一时之间无法转变，加之绿色技术创新的风险高、周期长、经济收益小，短期内难以形成企业对绿色技术创新的研发动力和有效投资，这种情况下，对绿色技术创新的社会需求远大于市场供给，企业缺乏绿色技术的供给意愿和能力。为了促进产业绿色技术创新和优化绿色技术创新环境，政府出台各类政策激励企业创新，比如针对企业创新的各类补贴与税收优惠，针对提高创新人才的补贴与待遇等。然而，这并不能从根本上改变企业绿色技术创新动力不足的问题。本书认为，导致资源型产业绿色技术创新不足的根源是企业成本与社会成本的不对等，即环境与资源负外部性成本没有内部化为企业成本而导致绿色技术创新需求与供给的矛盾。

政府规制是解决这一问题的有效选择。包括两条路径：一是通过产权制度，通过放松资源型产业的进入规制，引入竞争机制，改变资源型产业市场竞争状态，具体表现是将对绿色技术创新的社会需求纳入产权市场化交易过程，提高市场机制对绿色技术创新的决定性作用。二是通过环境规制内部化企业成本，改变企业成本结构。一方面控制污染排放量，降低社会对绿色技术创新的相对需求；另一方面通过规制减免措施激励企业开展绿色技术创新。比如，环境税的征收过程就充分考虑了企业税收减免的情况，促进企业开展降低污染排放总量和污染排放浓度的绿色技术创新，通过企业在遵循规制成本、绿色技术创新成本以及生产经营成本之间的衡量与选择，影响企业行为。由于本书研究涉及的矿产资源的产权市场化交易主要是指矿业权交易，因此，本书构建了以矿业权规制和环境规制为两条主线的资源型产业绿色技术创新问题研究，通过对两种规制的叠加效应与独立效应的讨论与分析，深入探讨资源型产业/企业绿色技术创新的影响因素。

具体而言，既然绿色技术创新是应对负外部性问题并驱动产业高质量发展的重要手段，那么，对绿色技术创新绩效的衡量就不能撇开负外部性因素，否则就容易混淆绿色技术创新的社会成本与市场成本，尤其是在资源型产业的强政府准入影响下，单纯从企业或市场角度衡量绿色技术创新是不符合现实的。而从另一个角度而言，政府规制也会提高企业的绿色技术创新成本，并对绿色技术创新绩效产生影响。因此，绿色技术创新绩效与政府规制之间是相互影响的，具有双向因果关系。基于此，本书通过将负外部性成本内部化计算绿色技术创新绩效，构建矿业权规制和环境规制对绿色技术创新绩效影响效应模型，意在考察二者在同时影响资源型产业结构和绿色技术创新行为情况下的叠加效应，并在此后开展独立效应的分析，有侧重地分析矿业权规制与环境规制对资源型产业结构/成本结构、绿色技术创新行为和绿色技术创新绩效的影响，给出相关结论。在此情况下，政府需要调整对资源型产业的矿业权规制和环境规制，以产业链为基础制定差异化规制体系，降低绿色技术创新社会成本和企业成本的差距，以提高资源型企业绿色技术创新动力与整体水平。

4.4 本章小结

SCP 范式是产业组织理论的经典理论研究框架。然而，由于中国资源型产业的产权特征和双重负外部性特点，资源型产业的发展本身已经具有强政府特色，加之绿色技术创新在中国产业高质量发展转型中的重要作用，传统 SCP 范式应用于资源型产业绿色技术创新问题的研究是存在局限性的，即使是拓展后的 SCP – R 范式也缺乏足够的解释力。本书结合绿色技术创新与双重负外部性的关系，以及绿色技术创新的公共产品属性，突出政府进入规制与环境规制对资源型产业的市场结构、绿色技术创新行为以及绿色技术创新绩效的影响作用，构建 R – SCP 闭环型理论分析框架，为之后模型构建与实证研究提供理论分析基础。

第 5 章
考虑双重外部性成本的绿色技术创新效率

根据第 4 章 R–SCP 理论框架中的规制与绩效的关系，要想深入分析规制、结构与行为对资源型产业绿色技术创新绩效的影响，需要首先确定绿色技术创新的绩效水平，本书以资源型产业的绿色技术创新效率作为绩效指标。本章主要考虑双重外部性因素对资源型产业绿色技术创新的影响，从企业成本承担的角度，考虑资源耗减因素，将环境外部性作为企业成本纳入绿色技术创新效率测算中，充分考虑外部性因素对绿色技术创新的制约作用。

技术创新是高质量发展的技术保障，以技术创新推动产业转型升级是实现经济高质量转变的必然选择。资源型产业为中国经济高质量发展提供物质基础，资源型产业发展质量关系到中国经济整体发展状况。在经济高速增长模式下，资源型产业发展粗放导致资源耗竭严重、能源消耗高、环境污染等问题加剧，如何实现资源安全保障，促进资源环境经济的可持续发展是经济转型期需要面对的重要问题。这离不开技术创新引领产业的转型升级、资源利用效率的提高以及资源环境发展约束的缓解。但是资源型产业发展的转型升级却任重道远，资源型产业技术创新投入能力与产出能力较低。鹿娜和梁丽萍（2018）研究发现，石油加工业、黑色金属冶炼加工和有色金属冶炼加工等资源型产业技术创新效率远低于其他制造业。而陈诗一（2011）、杨茜淋（2013）以及陈超凡（2016）等的研究发现，资源型产业不仅全要素生产率低于制造业平均水平，资源开采业全要素生产率还呈现逐年下降趋势。这与资源型产业的代际负外部性、环境负外部性以及矿业权特征等产业特征有关（Rodriguez and Arias，2008；赵萌，2011；王克强等，2013；Solminihac et al.，2018；王忠等，2017）。由于矿产资源的不可再生性以及传统粗放式的资源开采与利用方式，双重负外部性是研究资源型产业不可忽视的重要内容，这不仅是资源型产业迫切需要绿色技术创新的原因，也是绿色技术水平落后带来的主要后果。

　　双重外部性问题不仅是资源型产业亟须绿色技术创新的引致因素，同样也是制约绿色技术创新的关键难点。尽管在矿产资源管理领域，政府实施矿业权改革与环境规制，以缓解资源型产业双重外部性，但是，以往研究并没有针对资源型产业特性，特别是双重外部性特征，对资源开采业及与之相关的资源加工业开展针对性研究。同时，以往对创新绩效的研究没有考虑到双重外部性成本导致的私人成本与社会成本之间的偏差，高估了技术创新水平，不是严格意义上的绿色技术创新，如果不能妥善处理外部性问题，容易导致绿色技术创新评估偏离实际情况，不符合资源型产业经济发展现实。

　　资源型产业不仅受到环境外部性的影响，同时也受到资源的代际外部性影响。资源投入作为工业生产中环境污染的主要来源，需要在生产率或效率测算中纳入资源因素，以更准确地衡量效率水平（陈阳、唐晓华，2018、2019；齐绍洲、徐佳，2018）。如果在生产率的估计中遗漏环境外部性和自然资源使用因素，则容易产生误导和决策失误（李维明、高世楫，2018）。因此，本书借鉴陈晓等（2018）、温湖炜等（2019）和申晨等（2017）的研究，以能源消耗作为资源投入的代理变量，假设能源消耗因素同样对绿色技术创新效率具有影响，在绿色技术创新效率计算中同时考虑环境外部性和资源外部性。然后，计算不考虑完全外部性成本的技术创新效率，进行对比分析。

5.1 研究方法与指标选择

5.1.1 研究方法

传统生产函数一般只能反映样本各投入要素与平均产出之间的关系。1957 年 Farrell 针对有效性问题首次提出技术效率的前沿测定方法（SFA），用于衡量给定技术条件和生产要素组合下企业各投入组合与最大产出量之间的函数关系。该方法考虑随机因素对产出的影响，具有一定适用性。但是，在直接处理多投入多产出情形时，DEA 方法则更为适用。由于本书在技术创新效率计算的同时考虑期望产出以及非期望产出，在投入端也考虑了多种投入要素，因此采用 DEA 方法。

结合技术实用性和创新累积性，本书构建了两阶段绿色技术创新效率测算模型。

假设企业是规模收益变化的，且每一期都以最优规模运营。那么，资源型产业绿色技术创新生产可能性为：

$$x_k^t \geqslant \sum_{j=1}^{n} x_{jk}^t \lambda_{jk}^t (\forall k, \forall t)$$

$$y_k^t \leqslant \sum_{j=1}^{n} y_{jk}^t \lambda_{jk}^t (\forall k, \forall t)$$

$$\lambda_{jk}^t \geqslant 0 (\forall j, \forall k, \forall t), \sum_{j=1}^{n} \lambda_{jk}^t = 1 (\forall k, \forall t)$$

$$j = 1,2,3,\cdots,J; k = 1,2\cdots K; t = 1,2,\cdots,T \quad (5-1)$$

其中，J 表示资源型各产业，x_{jk}^t 表示资源型产业 j 的技术创新部门 k 在 t 年的绿色技术创新投入指标，y_{jk}^t 表示资源型产业 j 的技术创新部门 k 在 t 年的绿色技术创新产出指标，λ 表示规模报酬系数。

绿色技术创新效率计算公式为：

$$\max(\lambda y_{jt})$$

$$St: x_{0k}^t = X_k^t \lambda_k^t + s_{k0}^{t-}(\forall k, \forall t)$$

$$y_{0k}^t = Y_k^t \lambda_k^t - s_{k0}^{t+}(\forall k, \forall t)$$

$$e\lambda_k^t = 1(\forall k, \forall t)$$

$$\lambda_k^t \geq 0$$

$$s_{k0}^{t-} \geq 0$$

$$s_{k0}^{t+} \geq 0, (\forall k, \forall t) \tag{5-2}$$

与物质产品生产过程一样，技术创新活动也是一个投入产出的过程（Griliches，1979）。因此，资源型产业创新产出由技术生产投入要素带来。另外，应用于生产、提高效率并降低外部性才是技术创新的根本目标，所以，技术创新效率不仅与技术生产过程有关，还与技术应用相关，本书将技术创新分为技术研发阶段和技术应用阶段。斯科施默（Scochmer，1991）认为技术创新具有累积性，前期技术创新是后面创新的技术基础，因此本书在技术效率测算的同时考虑了技术创新的时间滞后性和技术周期问题，认为创新不仅受创新投入流量的影响，还受到技术基础和创新资本存量的影响，最终体现在专利的多少和新产品销售方面，具有动态连续性和时滞性。因此，本书将技术研发本身的非期望产出与技术应用阶段的非期望产出同时纳入投入产出指标，并结合研发行为和技术水平的周期性与动态性连接关系，采用 Dynamic-network-SBM 模型计算资源型产业技术创新效率。

5.1.2 数据来源

本书研究对象是以矿产资源为生产和加工对象的资源型产业，包括国民经济行业中的采矿业（06~11）、制造业（25、30~33）以及电力、热力等生产和供应业（44~45）。考虑到矿产资源种类间的横向对比，本章剔除采矿业中的开采专业及辅助性活动，研究资源开采业、资源加工业及供应业等12 个两位数行业（见表 5.1）。本章采用 2006~2022 年研发投入与产出面板数据，数据来源于历年《中国统计年鉴》《工业企业科技活动统计年鉴》《中国工业统计年鉴》《中国环境统计年鉴》《中国能源统计年鉴》《中国循环经济年鉴》等相关数据，以及《中国社会与经济发展统计公报》、自然资源部、生态环境部等公布的数据，并根据测算指标需要进行整理计算。

表 5.1　　　　　　　　　　资源型产业列表

行业编码	产业名称	行业编码	产业名称
06	煤炭开采和洗选业	30	非金属矿物制品业
07	石油和天然气开采业	31	黑色金属冶炼和压延加工业
08	黑色金属矿采选业	32	有色金属冶炼和压延加工业
09	有色金属矿采选业	33	金属制品业
10	非金属矿采选业	44	电力、热力生产和供应业
25	石油、煤炭和其他燃料加工业	45	燃气生产和供应业

5.1.3　指标选择

根据 DEA 效率评估方法的基本原理，决策单元有效地将多种投入转换成多个产出，即如果用较少的投入产生更多的产出则被认为是相对高效的。因此，通过一般生产函数，R&D 支出和研究人员的数量是技术创新效率投入的基本指标。而在知识的生产过程中，专利存量作为 R&D 资本存量的结果，既体现知识存量，又影响知识输出，具有影响知识创造下一阶段产出和投入的双重作用。这意味着一个完整的知识生产过程不仅包括即时的研发投入和知识的增量产出，而且还包括专利库存的跨期影响，并以专利数量和新产品项目数量作为期望产出进行现有研究，不良产出是专利申请失败率。

资源型产业技术创新的目标是通过技术升级提高资源开采效率和资源使用效率，降低环境污染与生态破坏，缓解资源与环境双重外部性约束。如果通过产业创新行为实现了减少污染物排放量，那么创新行为就是有效的。因此，考虑到资源型产业中间产品特性，资源有限储量是固定约束，同时矿产资源作为可耗竭资源，资源开采不可避免地具有资源外部性，同时具有环境外部性。本书选择能源消耗作为资源外部性指标，而环境外部性指标则根据污染物排放的多少计算环境外部性成本。同时非研发人员投入与固定资产投资都会对技术应用产生影响，而技术消化经费支出同样对技术的应用产生重要作用。如果创新行为同时实现了新产品开发，那么距离创新目标的实现就更近了一步。因此，新产品生产产值仍然是期望产出，而技术进步不仅对产业新产品开发产生作用，同时增加工业总产值。相关指标如表5.2所示。

表5.2　　　　　　　　　　投入与产出指标

技术阶段	投入指标	产出指标
技术研发阶段	R&D 研发人员（人数）	专利申请量（件）
	R&D 内部支出（万元）	新产品研发项目（项）
	有效专利存量（件）	
技术应用阶段	能源消耗（万吨标准煤）	新产品生产产值（万元）
	技术消化经费支出（万元）	工业总产值（万元）
	固定资产投资（万元）	环境外部性成本（万元）
	非研发人员投入（人）	

5.2　双重外部性的计算

5.2.1　资源外部性

这里的资源外部性是指有限资源储量下，资源过度开采导致代际主体之间成本与收益的不公平配置，损害后代人的利益，即资源的代际外部性。以往研究中，对代际外部性的测算主要有使用者成本法和净现值法，二者均以机会成本衡量矿产资源耗竭带来的代际不公问题，主要考虑当代人的行为对未来若干代人产生的损害影响，但是并没有涉及由于代际外部性的考量而对当代资源开采与利用产生的约束作用。考虑资源的代际外部性问题，对当代资源开采与利用产生的最直接影响体现在资源税缴纳上，增加开采成本以限制过度开采，但资源税并不能完全抵消代际外部性。此外，资源环境约束会带来增长方式转变以降低能源消耗，资源的节约利用可延长资源代际外部性、降低代际外部性成本。对于资源开采业而言，能源消耗的多少与资源开采数量和效率有关，能源消耗越多意味着资源开采越多，那么带来的资源约束也会越大，代际负外部性越明显。以煤炭开采业为例，煤炭开采量与能源消耗相关，开采量越多能源消耗越多（见图5.1）。

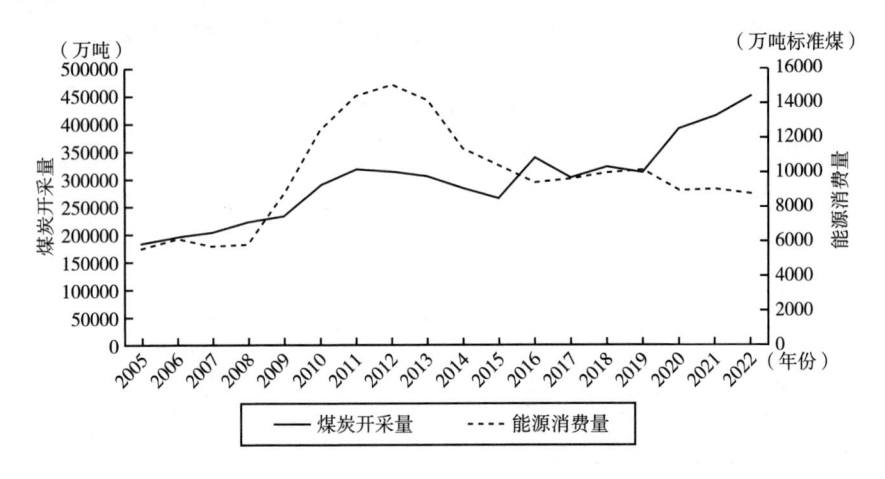

图5.1 煤炭开采量与能源消耗关系

资料来源：笔者根据《中国能源统计年鉴》和《中国统计年鉴》等数据整理计算。

另外，本书研究对象中的资源开采业存在直接的资源代际外部性问题，而资源加工业与资源供应业并不存在资源耗竭的代际不公问题，无法采用传统代际外部性测算方法进行衡量。考虑到资源代际外部性问题对资源代际合理配置造成的约束、经济增长方式转变的压力，以及中国经济长期的高投资、高能耗和高污染生产带来的过度消耗问题对资源与环境外部性约束的影响，因此，本书为了保持数据的统一性和可比性，借鉴陈诗一（2010）在计算工业全要素生产率时对能源约束的处理，将能源消耗作为资源代际外部性的代理变量纳入技术创新生产函数。

5.2.2 环境外部性

对环境污染问题的处理，DEA方法中通常采用方向性距离函数将环境污染作为非期望产出引入生产过程。本书认为，非期望产出作为生产的副产品引入生产函数只是从方法论上实现了对环境污染的处理，并不能完全体现环境外部性对生产过程的影响。而如果将环境外部性纳入生产成本，则会通过影响生产者投入产出行为而改变技术创新产出。

在可持续发展研究中，对环境外部性的测算一般基于社会福利最大化原则，采用条件估值法计算环境外部性成本。茅于轼等（2008）、周吉光和丁欣（2012）采用该方法计算矿产资源开发活动造成的大气污染和水污染等环境负效应对农业、人体健康、土地以及地质灾害等带来的经济损失。于立宏和李嘉晨（2016）在借鉴上述研究基础上，用环境成本与环境税费的差额计算环境外部性的净效应，并用来研究环境外部性与资源型企业绩效的相互影响关系。茅于轼等（2008）也认为由于投资进行减排，环境外部成本会逐渐下降，因此并不需要对环境外部成本进行全成本补偿。对于企业而言，环境外部性成本中环境的预防成本与治理费用不能重复计算，环境成本承担应该遵循我国"谁污染谁治理"的环境保护精神，"谁治理，谁支付治理成本"（潘伟尔、王勇，2009）。事实上，预防成本和治理费用均不能完全覆盖环境外部性成本，企业承担的环境外部性成本往往包含预防成本和治理费用两个部分。鉴于此，本书认为只有产业（企业）已经承担的环境成本才会对产业（企业）绩效产生影响，因为这部分环境成本的承担会影响投资决策与选择，可能对创新投入具有挤出效应。因此，本书以污染治理费用（PCC）和污染预防费用（PPC）作为产业（企业）承担的环境外部性成本（CE），并影响产出绩效。根据政府文件和各类统计年鉴，污染治理费用包括企业污染治理基础设施费用及与此有关的其他费用，污染预防费用则包括企业缴纳的各项环境税费、环境基础设施投资等。

本书采用资源型产业数据，由于相关税率、费率数据缺失，污染治理设施投资按照历年全国工业污染治理完成投资占GDP比重计算。各产业环境税率（ETR）采用2018年全国各省市环境税率进行倒推。具体算法是假设$ETR = a + b\ln X + c[\ln X]^2$（$X$为单位GDP的不同污染物排放量），将各省市水污染税率（RWW）和大气污染税率（RWG）分别与单位 GDP 废水排放量（WW）和单位 GDP 二氧化硫排放量（WG）采用局部加权回归散点平滑法进行拟合（见图 5.2），发现废水与废气环境税率制定与单位 GDP 废弃物排放量之间具有显著的相关性趋势，然后根据这一趋势对资源型产业环境税率进行预测，并计算各产业各种相应污染物排放当量后得出环境税数额。根据《中华人民共和国环境保护税法》中环境保护税税目税额表，预测出的各资源型产业环境税额超过法定税额的，按法定税额的最高税额计算，加权回归结果如表 5.3 所示。

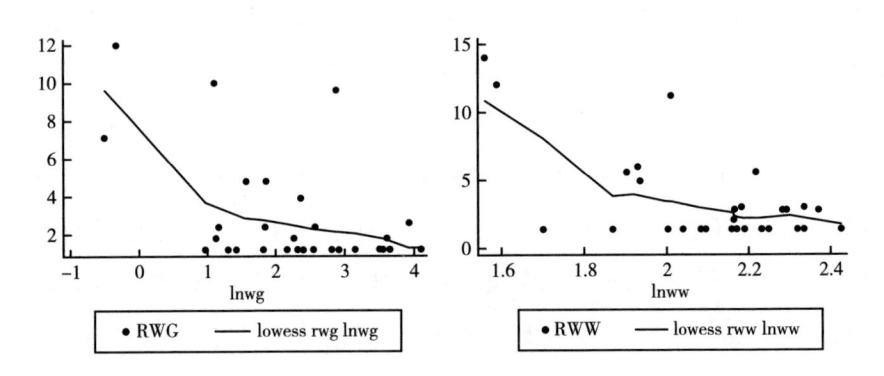

图 5.2 局部加权回归结果

表 5.3　　　　　　　　废水税率与废气税率的加权回归结果

X	RWG			X	RWW		
	Coef.	T Stat.	P-value		Coef.	T Stat.	P-value
$\ln WG$	-3.541***	-3.22	0.003	$\ln WW$	-88.997***	-2.81	0.009
$(\ln WG)^2$	0.565**	2.16	0.040	$(\ln WW)^2$	19.841**	2.51	0.018
constant	7.227***	6.18	0.000	constant	101.889***	3.24	0.003
F-test	8.255	Prob > F	0.002	F-test	14.238	Prob > F	0.000
AIC	145.250	BIC	149.552	AIC	145.877	BIC	150.179

注：*、**、*** 分别表示在 10%、5% 和 1% 的水平上显著。

经计算，资源型各产业的环境税差异较大，特别是电力、热力生产和供应业远远超过其他产业，但各产业总体均呈下降趋势，这与政府对资源环境问题越来越重视具有密切的关系。党的十八大将生态文明建设正式纳入党章的一部分，政府环境规制趋紧，必然导致各产业增加对环境污染问题的重视，强化环境治理。

5.3 绿色技术创新效率测算结果

中国资源型产业的绿色技术创新效率见表5.4。可以看出，不同产业的绿色技术创新效率整体趋势差异较大，均具有不同程度的波动。其中，石油和天然气开采业的绿色技术创新效率相对稳定，大部分年份的效率值均为1，仅在2007年和2010年有小幅度波动。有色金属矿采选业、有色金属冶炼及压延加工业、非金属矿采选业以及非金属矿物制品业等产业的绿色技术创新效率水平则波动较大。比如，有色金属矿采选业的绿色技术创新效率值最高为1，最低为0.255，分别出现在2012年和2014年。石油、煤炭及其他燃料加工业、黑色金属矿采选业和黑色金属冶炼及压延加工业、金属制品业等产业的绿色技术创新水平的波动相对较小。比如，石油、煤炭及其他燃料加工业的绿色技术创新效率值最高为2021年的0.872，最低为2010年的0.154。其中，波动最小的是燃气生产和供应业，最高为2007年的0.937，最低为2013年的0.407，绿色技术创新效率水平均在0.400以上。

表5.4　　考虑外部性成本的资源型产业绿色技术创新效率

年份	煤炭开采业和洗选业	石油和天然气开采业	黑色金属矿采选业	有色金属矿采选业	非金属矿采选业	石油、煤炭及其他燃料加工业	非金属矿物制品业	黑色金属冶炼和压延加工业	有色金属冶炼和压延加工业	金属制品业	电力、热力生产和供应业	燃气生产和供应业
2006	0.641	1.000	0.378	0.446	0.599	0.621	1.000	0.178	0.502	0.676	0.698	0.599
2007	0.631	0.870	0.618	0.283	0.739	0.584	1.000	0.249	0.501	0.712	1.000	0.937
2008	1.000	1.000	0.635	0.583	0.383	0.664	0.841	0.209	0.501	0.749	1.000	0.775
2009	1.000	1.000	0.615	0.327	0.455	0.623	1.000	0.343	1.000	0.676	1.000	0.769

续表

年份	煤炭开采业和洗选业	石油和天然气开采业	黑色金属矿采选业	有色金属矿采选业	非金属矿采选业	石油、煤炭和其他燃料加工业	非金属矿物制品业	黑色金属冶炼和压延加工业	有色金属冶炼和压延加工业	金属制品业	电力、热力生产和供应业	燃气生产和供应业
2010	0.678	0.794	0.155	0.526	0.182	0.154	1.000	0.501	1.000	0.327	0.425	0.663
2011	1.000	1.000	0.407	0.697	0.399	0.647	0.984	0.344	0.701	0.724	1.000	0.653
2012	1.000	1.000	0.278	1.000	0.691	0.642	0.480	0.319	1.000	0.568	0.525	0.560
2013	1.000	1.000	0.394	0.652	0.688	0.390	0.897	0.549	0.422	0.415	0.418	0.407
2014	1.000	1.000	0.395	0.255	0.624	0.361	0.865	0.217	0.647	0.497	0.670	0.420
2015	1.000	1.000	0.460	0.353	0.651	0.772	0.991	0.235	1.000	0.642	0.768	0.699
2016	0.764	1.000	0.711	0.339	0.679	0.821	0.600	0.617	0.709	0.704	0.738	0.736
2017	0.787	1.000	0.519	0.389	0.708	0.755	0.433	0.262	0.711	0.656	0.432	0.462
2018	0.689	1.000	0.523	0.327	0.669	0.703	0.512	0.258	0.671	0.636	0.646	0.653
2019	0.474	1.000	0.652	0.418	0.728	0.716	0.538	0.780	0.784	0.642	0.683	0.736
2020	0.537	1.000	0.681	0.745	1.000	0.865	0.378	0.585	1.000	0.639	0.496	0.567
2021	0.387	1.000	0.695	0.657	0.810	0.872	0.416	0.586	1.000	0.682	0.706	0.770
2022	0.192	1.000	0.362	0.504	0.384	0.501	0.592	0.232	0.501	0.300	0.309	0.433

资源型产业的绿色技术创新效率存在差异和波动，可能的原因有以下几点。

第一，随着经济社会发展的环境资源约束趋紧，政府对环境问题越来越重视，转方式、调结构、去产能，促进资源型产业技术创新与转型升级成为发展主旋律。政府采用环境规制政策降低外部性影响，进一步影响产业绿色技术创新投入与产出偏向，环境规制强度越高，环境成本承担也越高，绿色技术创新效率越高。电力、热力生产和供应业环境成本在所有资源型产业中是最高的，因此也承担了较高的政府环境规制强度，促进了产业绿色技术创新投入。

第二，资源型产业政策深化改革也对产业绿色技术创新产生影响。比如，2011年《中华人民共和国资源税暂行条例》对原油和天然气征收从价税，

2014年和2015年分别对煤炭、稀土、钨资源、钼资源进行了改革。资源税征收从价改革影响了相关产业市场预期，绿色技术创新投入势必影响资源开采成本和产出价格，因此这一政策改革降低了相关产业绿色技术创新投入动机与绿色技术产出效率。石油和天然气开采业、煤炭开采和洗选业、黑色金属矿采选业等产业均在2011年前后和2014年前后均出现了绿色技术创新效率的波动。

第三，受2014年国际油价雪崩影响，相关能源价格也受到波及。徐幼民等（2014）研究认为，产品相对价格水平与绝对价格水平反映技术创新的潜力状况，利润最大化可以有效刺激企业技术创新投资。由于价格下降导致产业预期收益偏低，影响了能源产业绿色技术创新投资积极性，这也是导致与煤炭、石油、天然气有关的能源产业在绿色技术创新方面短期低效率的原因。

第四，资源型各产业的国有企业数量和产值差异较大，不同产业的国有企业与民营企业对绿色技术创新的选择可能存在异质性，而不同产权结构类型的企业数量同样形成各产业独特的市场结构特征、规模经济性等都可能对产业差异化的绿色技术创新效率产生影响。

5.4 对比分析

根据DEA方法对非期望产出的常规处理方法，本书计算了不考虑外部性成本的绿色技术创新效率，即将废弃物排放量（废水、废气和固体废弃物）直接纳入模型，计算出绿色技术创新效率值，并与考虑外部性成本的效率值进行比较。

表5.5为非期望产出情形下资源型产业绿色技术创新效率。结合表5.4与表5.5，两种计算方法下资源型产业绿色技术创新效率差异较大。其中，这种差异以石油和天然气开采业、金属制品业以及燃气生产和供应业最为显著。比如，考虑外部性成本的石油和天然气开采业绿色技术创新效率值大部

分均为 1，而该产业非期望产出下的绿色技术创新效率大部分年份均小于 1，特别是 2014 年以后呈现下降水平。金属制品业的绿色技术创新效率水平差异也很大，考虑非期望产出的绿色技术创新效率仅在 2010 年低于 1，为 0.794。在考虑完全外部性成本时，最高为 2008 年的 0.749，其他年份的效率值均较低，这是因为金属制品业是高污染行业，环境外部性成本远高于其他产业，较高的外部性成本必然影响产业的成本结构，并影响产业的绿色技术创新投入与产出。

表 5.5　考虑非期望产出的资源型产业绿色技术创新效率

年份	煤炭开采业和洗选业	石油和天然气开采业	黑色金属矿采选业	有色金属矿采选业	非金属矿采选业	石油、煤炭和其他燃料加工业	非金属矿物制品业	黑色金属冶炼和压延加工业	有色金属冶炼和压延加工业	金属制品业	电力、热力生产和供应业	燃气生产和供应业
2006	0.869	0.641	0.381	0.726	0.651	0.676	0.506	0.698	0.761	1.000	0.191	0.512
2007	1.000	0.631	0.448	1.000	0.662	0.712	0.714	1.000	1.000	1.000	0.267	1.000
2008	0.841	0.500	0.603	0.488	0.620	0.749	0.801	1.000	0.816	1.000	0.255	0.501
2009	1.000	1.000	0.363	0.615	0.676	0.676	0.750	1.000	0.899	1.000	0.355	1.000
2010	1.000	0.678	0.554	0.461	0.403	0.573	0.485	0.705	1.000	0.794	0.517	1.000
2011	1.000	0.697	0.610	0.745	0.724	0.641	1.000	0.757	1.000	0.379	1.000	
2012	0.589	1.000	0.640	1.000	0.852	0.568	0.445	0.416	0.560	1.000	0.373	1.000
2013	1.000	1.000	0.652	0.688	0.494	0.660	0.806	0.472	0.692	1.000	0.660	0.642
2014	1.000	1.000	0.325	0.624	0.493	0.691	0.573	1.000	0.721	1.000	0.293	0.647
2015	1.000	0.701	0.354	0.651	0.808	0.642	0.807	1.000	0.699	1.000	0.273	1.000
2016	0.681	0.784	0.342	0.679	0.830	0.704	1.000	0.860	0.736	1.000	0.667	0.709
2017	0.447	0.818	0.485	0.708	0.780	0.656	0.838	0.671	0.717	1.000	0.344	0.711
2018	0.537	0.769	0.405	0.676	0.704	0.636	0.802	0.646	0.695	1.000	0.312	1.000
2019	0.576	0.463	0.420	0.747	0.628	0.642	0.852	0.683	0.777	1.000	0.381	1.000
2020	0.385	0.472	0.751	0.834	0.723	0.639	0.656	0.431	0.556	1.000	0.641	1.000

第 5 章
考虑双重外部性成本的绿色技术创新效率

续表

年份	煤炭开采业和洗选业	石油和天然气开采业	黑色金属矿采选业	有色金属矿采选业	非金属矿采选业	石油、煤炭和其他燃料加工业	非金属矿物制品业	黑色金属冶炼和压延加工业	有色金属冶炼和压延加工业	金属制品业	电力、热力生产和供应业	燃气生产和供应业
2021	0.430	0.359	0.583	0.630	0.717	0.682	0.655	0.535	0.754	1.000	0.641	1.000
2022	0.592	0.262	0.506	0.360	0.502	0.267	0.862	0.277	0.329	1.000	0.120	1.000

结果显示，非期望产出不作为企业成本时，各产业绿色创新效率值普遍高于考虑外部性成本的绿色技术创新效率[见图5.3（a）]，这说明由于环境外部性成本内部化有限，高估了资源型产业绿色技术创新水平，这可能是因为外部性成本内部化程度较低，没有对绿色技术创新资源产生实质性挤占，导致创新效率虚高。对比图5.3（b）和图5.3（c），除金属制品业外，考虑外部性成本时，各产业在技术研发阶段和技术应用阶段的创新效率值仍然普遍低于非期望产出时的效率值，各产业受到外部性影响的程度不同，不同阶段效率值间的差距也不相同。相对而言，同一产业在研发阶段受外部性影响较大时，在技术应用阶段受到的影响也较大，比较典型的是煤炭开采业。同时，两种计算方式下，煤炭开采业在技术应用阶段的效率值差距大于研发阶段。这是由于煤炭开采业的环境污染较为严重，并且这种污染仅靠治理是无法完全解决的，需要将污染预防与污染治理相结合。因此，环境外部性成本对绿色技术创新的两个阶段均具有较大影响。具有同样特征的还有黑色金属采选、有色金属采选、非金属采选和非金属制品业，以及燃气生产与供应业。而黑色金属冶炼与加工业、电力热力生产与供应业则不同，在技术研发阶段，效率值受外部性成本影响较大，而在技术应用阶段，两种计算方法下的效率值则差别不大，这体现了两种不同的绿色技术创新影响机制。在电力热力生产与供应业，当生产的环境外部性较高时，外部性成本直接挤占研发投入，企业更倾向于投入污染治理设施，增加污染治理费用，从而提高了技术应用阶段技术水平，而无法集中创新资源进行新的生产技术与工艺革新，影响研

发阶段创新效率。

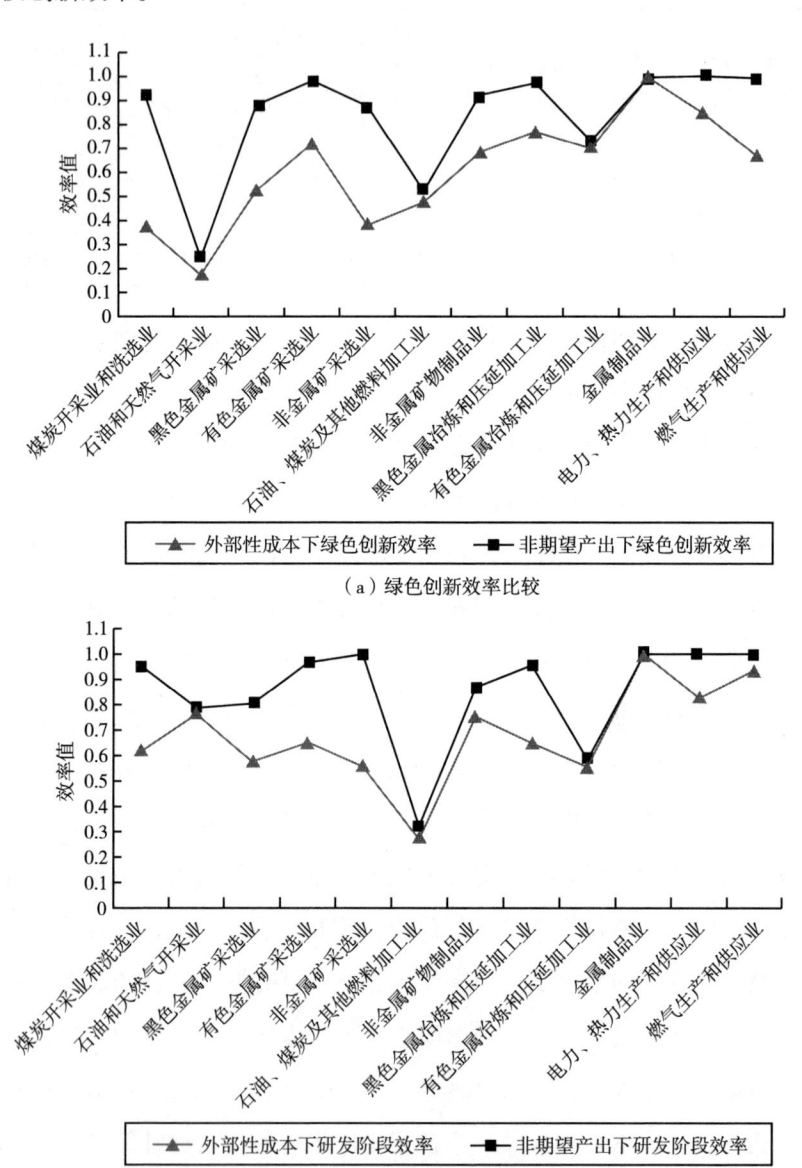

(a) 绿色创新效率比较

(b) 研发阶段效率比较

(c）技术应用阶段效率比较

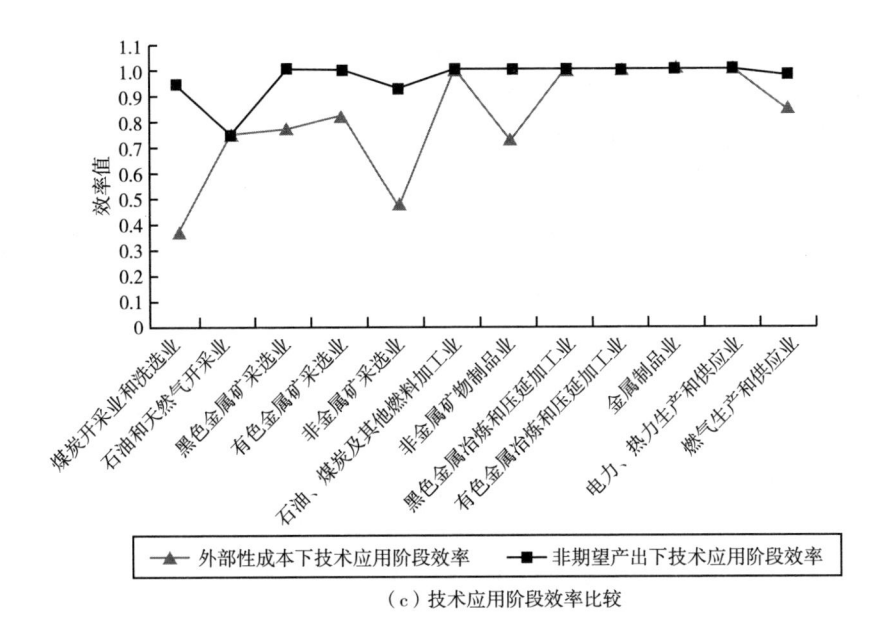

图 5.3　两种计算方法下资源型产业绿色技术创新效率综合比较

资料来源：笔者根据计算结果绘制。

5.5　本章小结

根据以上分析结果，资源型产业的外部性成本具有较大的产业差异。不管是环境外部性成本总量，还是占总产值的比例，电力热力生产与供应业都远超其他产业。将外部性成本内部化，纳入绿色技术创新效率的评估模型，同时计算非期望产出的绿色技术创新效率进行对比。结果发现，尽管资源型产业的绿色技术创新效率差异巨大，但从总体来看，不管是技术研发阶段，还是技术应用阶段，考虑外部性成本的绿色技术创新效率均低于非期望产出下的绿色技术创新效率，说明外部性成本对绿色技术创新具有明显的抑制作用，如果不考虑成本因素，则会高估资源型产业的绿色技术创新水平。整体上来看，与考虑非期望产出的绿色技术创新效率相比，考虑环境成本完全内部化和资源耗减因素的绿色技术创新效率较低，说明由于环境税率水平较低，环境外部性内部化有限，高估了资源型产业绿色技术创新效率，环境外部性对绿色技术创新具有抑制作用。

第6章
资源产权配置、环境规制与绿色技术创新

在矿产资源产权的界定上，《中华人民共和国宪法》规定矿产资源产权归全民所有。这意味着政府代表全民行使自然资源所有权和收益权，矿产资源具有共有产权特性，政府在宪法规定下，以社会福利最大化为目标，通过探矿权和采矿权的合理配置对矿产资源进行管理。但是并没有对矿产资源资产产权给予明确规定。虽然改革开放40多年来，我国自然资源产权制度逐步建立，但也存在自然资源所有者缺位、所有权边界模糊、产权界定不明晰和配置不稳定等问题。前文分析中，在资源产权的国有资产配置结构与效率问题上，国有资产的配置布局和结构仍然存在不合理之处。根据矿种分类的采矿权国有企业和采矿权私有企业，不论是在采矿权期限还是采矿企业平均规模效率来看，都存在巨大的产业间与产业内差异。煤炭与石油天然气行业关系到国民经济命脉与资源战略性问题，国有企业具有天然的优势，而在非金属资源和金属资源的开采业与加工业等，矿产资源种类比较多，单个矿山储量往往较少，伴生矿较多，则私有企业更有优势。体现在绿色技术创新方面，由于短期内绿色技术创新投入较大，导致成本上升，在缺乏外部压力的情况下，追求短期利润最大化的企业缺乏加大研发投入以提高技术水平的外在激

励。而相较于资源产权私有化配置，资源产权的国有化配置可以在较大程度上保证资源产权的稳定性，国有企业规模大，规模经济更明显，具有长期经营和技术创新投入的能力，更有利于资源型产业技术创新。

传统资源经济理论认为，合理的产权安排是提高资源利用效率的重要保障。在资源环境压力趋紧背景下，发挥国有经济在缓解资源、环境外部性等具有公共产品属性服务供给中的作用，研究资源产权的国有化配置对产业技术创新的影响效应就显得很有必要。同时，在低技术水平的粗放式开采下，资源消耗与环境污染带来的负外部性成本并没有体现在产业生产成本中，导致私人成本低于社会成本，不考虑双重外部性的技术创新水平是被高估的。考虑资源型产业的资源与环境负外部性特征，评估资源型产业技术创新水平有利于更准确分析产权国有化配置对绿色技术创新的影响，是本章需要解决的问题。

结合第5章的结果可以发现，从产业内部来看，产出分为期望产出和非期望产出，环境外部性通过非期望产出的形式降低产业绿色技术创新效率，而资源耗竭则通过投入要素端对绿色技术创新效率产生影响。在一定的技术水平下，其他条件不变，考虑到资源消耗的负外部性，能源资源投入越多，则技术效率越低。而从产业外部环境来看，产业技术创新还受到外部因素的影响。外部创新环境的变化带来产业技术创新效率的变化，已有研究证实，政府环境规制、市场结构与产业规模等因素均与技术创新效率具有相关关系。但是，这些结论是否适用于资源型产业，还需要进一步考察。对于中国资源型产业而言，中国资源产权的国有化特征也是影响外部性与技术创新不可忽视的关键因素。产业内部与外部环境因素对技术创新的影响都会因资源产权所有制配置结构的不同而具有不同的特征。

鉴于此，本章主要从影响机制与实证分析两个方面深入探讨产业外部因素与外生变量对资源型产业的技术创新效率影响，并分析产业异质性技术创新效应。具体而言，考虑资源产权制度外部性带来的资源与环境问题，从产业外部环境的制度因素与市场因素分析资源产权国有化配置结构对绿色技术

第6章
资源产权配置、环境规制与绿色技术创新

创新的影响机制并构建计量模型。由于国有化作为重要的进入规制手段，和环境规制的叠加对产业绿色创新激励作用的异质性特征，因此本书将环境规制强度作为重要解释变量，为我国资源型产业转型发展和政策制定提供可借鉴的思路。

6.1 资源产权所有制配置的绿色技术创新影响机制

在我国，资源的所有权归国家所有，本书所指的资源产权是指自然资源资产产权。矿产资源是基础的经济生产要素，具有可耗竭性、稀缺性和不可再生性，这也决定了资源型产业的产权制度特征与其他类型产权制度不同。随着资源产权市场化改革进程，政府开始设置资源产权市场化主体准入制度，以及逐步推进国有企业改革，资源型产业多元化市场主体参与市场竞争。但是在一些重要的战略性矿产资源产业，仍然以国有及国有控股企业为主，这不只存在于采矿业，重要战略性矿产资源加工业等同样存在以国家所有制配置为主的问题。在中国经济发展转型时期，资源型产业的转型升级关系到中国经济发展质量，而所有制结构特征必然会影响该产业转型和技术创新。资源产权所有制配置对产业技术创新的影响主要体现在以下方面。

第一，新制度组织理论认为制度会深刻影响企业新技术投资，而产权安全性是影响企业投资的重要因素，并进而对企业全要素生产率产生影响（Cull and Xu，2005）。黄速建等（2018）认为，国有企业高质量发展具有较强的制度依赖，产权制度、政企关系等制度的变革会对国有企业发展产生重大影响。在资源型产业，由于资源产权归国家所有，私营及外资企业产权通常具有不安全不稳定特征，特别是在负外部性越来越受到重视情况下，非国有产权不安全性越来越明显，在政府环境规制下随时面临关闭退出可能。在这种情况下，企业更倾向于追求短期目标，进而把技术创新放在次要位置（余凤鬓，2008）。企业往往采取过度开采、过度消耗的方式获得短期收益，加剧资源型产业外部性。同时，余凤蓊（2008）认为，竞争地位不平等也会导致企业创新动力不足。与国有企业相比，产权安全性的不平等地位是非国有企业缺乏技术创新激励的原因。国有企业通常是资源国家所有权益在市场经济中的表现形式。相比较而言，国有企业没有产权不安全的担忧，具有相对稳定且长期的产权。在长期产权的影响下，国有企业更倾向于追求长期经营目标，通过技术进步提高开采水平，降低生产经营活动中的外部性。

第二，资源型国有企业的特殊性决定了其比非国有企业更加重视技术创新。黄速建和余菁（2006）认为，国有企业拥有区别于其他类型企业的特殊性，其决策目标、运行逻辑和约束条件都有别于一般性企业，是政府参与和干预经济的重要手段。而解决国有产权公共性与垄断性导致的外部性问题需要产权改革，也需要发挥国有企业受公共利益制度逻辑和市场经济制度逻辑的双重平衡作用，更加重视并强调技术创新能力（程俊杰等，2018）。国有企业研发投入强度一直高于非国有企业研发投入强度。在我国，资源型产业的国有化具有保障国家资源安全、主导国民经济命脉等功能，资源国有产权不具有完全意义上的市场化特征，利润最大化并不是唯一目标，还兼顾公共服务功能，维护公共利益。体现在资源开采业则更关注资源代际公平和环境问题，更注重新技术研发和先进开采设施设备使用。而对于非国有企业而言，资源的获取才是获得利润的途径，在效率与公平中更少考虑代际公平问题。在我国环境产权不明确的情况下，环境成本和环境收益与企业利润直接关联性较低，导致非国有企业对环境外部性重视缺乏内在主动性。

第三，在外部环境影响下，国有企业对政府规制和产业政策反应更迅速，执行更严格，能够通过技术水平提高降低产业双重外部性。黄速建等（2018）认为，外部环境的深刻变化对国有企业粗放式发展道路形成直接倒逼。资源与环境的双重约束使得资源型产业面临由传统粗放式发展向高质量发展的转型升级，政府采取一系列环境规制工具与产业政策，以创新驱动促进资源型产业绿色发展。高德步（2018）认为，国有企业是创新战略的领跑者和主要实施者，具有企业技术创新和产业创新的主导作用。国有企业具有主动以创新推动传统产业转型升级的内在动力。此外，国有企业一般规模较大，规模经济更明显。在面对政府环境规制时，国有企业环境规制的成本压力相较于非国有企业更低，具有执行政府规制政策的客观能力。而非国有企业需要在环境规制成本与技术研发成本之间进行选择，当环境规制成本较高时，企业更倾向于通过技术进步降低污染物排放，而当环境规制成本较低时无法有效激励技术研发，企业缺乏技术创新动力。另外，资源产权配置是资源型产业的一种进入规制，通过产权的所有制配置结构影响市场结构，并对企业技术创新行为产生影响，进而影响技术创新绩效（见图6.1）。

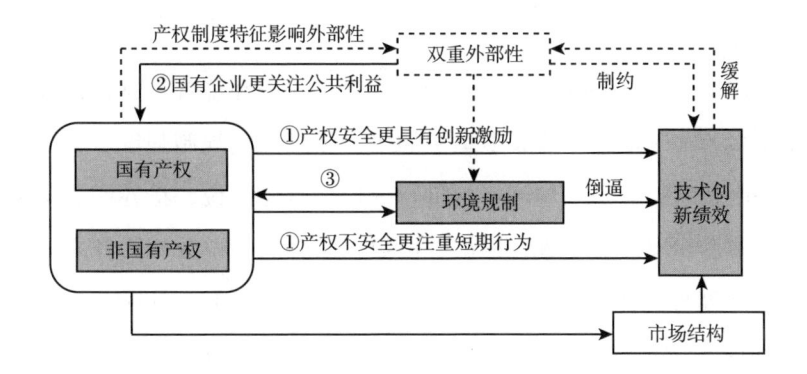

图6.1 双重外部性下资源产权配置的技术创新影响机制

6.2 模型设定

基于以上考虑，本书以考虑双重外部性的资源型产业绿色技术创新效率为被解释变量，将资源产权所有制结构作为反映中国资源产权安排的关键解释变量，并加入政府环境规制、市场规模、市场结构等几个方面对绿色技术创新效率影响因素进行分析，同时引入时间变量。另外，国有化作为一种进入规制手段，对绿色技术创新效率产生影响，而环境规制是解决外部性问题的重要手段，因此，本书加入产权配置结构与环境规制强度的交互项，考察两种不同规制手段对产业绿色技术创新效率的叠加影响，进一步对下列模型进行分析。

$$TE_{it} = \beta_0 + \beta_1 ownership_{it} + \beta_2 regulation_{it} + \beta_3 ownership_{it} \times regulation_{it} \\ + \beta_4 structure_{it} + \beta_5 size_{it} + \beta_6 T + \varepsilon_i + \mu_{it}$$

资源产权所有制配置（resource ownership）：本书以所有制结构作为资源产权的代理变量，考虑到生产规模与国内生产总值关系，采用规模以上销售产值与该产业总销售产值比重衡量该指标。具体来说，产权国有化配置指标等于国有及国有控股企业销售产值/产业总销售产值，非国有化配置指标为非国有企业销售产值/产业总销售产值，非国有企业包括内资企业、外资及港澳台投资企业。

环境规制强度（regulation intensity，RI）：政府环境规制越强，环境成本的承担越多。本书根据环境成本承担的多少界定环境规制强度。为了明确区分环境规制强度的大小，对该指标进行赋值。具体来说，将各产业单位产值的环境成本占比取四分位数，根据中位数、四分之一位数和四分之三位数将环境规制强度分为四档（见表6.1），当 $0.059 < RI < 0.350$ 时，为弱规制强度；$0.350 < RI < 0.592$ 时，为中规制强度；当 $0.592 < RI < 1.225$ 时，为强规制强度；当 $1.225 < RI < 10.187$ 时，为超强规制强度。对规制强度从弱到强分别赋值1，2，3，4。

表6.1　　　　　　　　环境规制强度大小判断标准

分位数	最小值	四分之一	中位数	均值	四分之三	最大值
数值大小	0.059241	0.3496993	0.5921885	1.127592	1.225189	10.18602

市场结构（market structure，MS）：众多学者研究过市场结构对技术创新效率的影响，结论不一。比较典型的结论认为垄断与研发有密切联系，高市场集中度的产业更具有创新激励，而相反意见则认为竞争性环境更有利于企业R&D投入（Arrow，1996；Bughin and Jacques，1994）。本书以各资源型产业的企业数量表示市场结构，用大企业数占行业企业数的比重进行衡量。

产业规模（industrial scale，IS）：围绕规模与创新效率的关系研究很多，有学者认为只有存在规模经济时才能改善技术创新效率（Chen et al., 2017），但是也存在不一样的声音，认为企业规模与创新效率之间并不是简单的线性关系。本书以企业平均产值衡量产业规模，即行业总销售产值除以企业数量。

本部分内容涉及的指标数据来源和前文相同，并经过计算和整理。其中，为了消除价格因素影响，涉及的产值均以2005年为基期，采用工业品出厂价格指数对行业总销售产值进行平减，然后根据指标界定进行计算，描述性统计结果如表6.2所示。

表6.2 描述性统计结果

变量	样本量	均值	标准误	最小值	最大值
TE	132	0.7003	0.2822	0.0283	1.0000
state ownership	132	0.4199	0.2957	0.0559	0.9892
non-state ownership	132	0.3985	0.2082	0.0570	0.7627
Regulation intensity	132	2.5000	1.1223	1.0000	4.0000
Market structure	132	0.0959	0.1068	0.0067	0.5373
Industrial scale	132	14.3092	19.4652	0.8844	105.3732
State ownership * regulation	132	1.0790	0.9891	0.0562	3.7272
Non-state ownership * regulation	132	0.9587	0.6737	0.0597	2.5850

6.3 实证结果分析

本部分内容主要分析资源产权国有化配置结构与绿色技术创新绩效的关系，首先通过整体估计对比分析国有化产权与非国有化产权的差异性影响，考察不同所有制配置下环境规制、市场结构与产业规模等因素的影响。其次，根据不同的标准对资源型产业进行分组，进一步探讨产权所有制对绿色技术创新绩效影响的产业异质性特征。

6.3.1　产权所有制配置与绿色技术创新

(1) 产权国有化影响

通过对资源产权所有制配置结构与绿色技术创新效率进行回归［见表6.3模型（6）］，发现资源产权的国有化配置对产业绿色技术创新效率具有显著的正向促进作用。环境规制强度越强，产业绿色技术创新效率越高。但是国有及国有控股产权与环境规制强度的交互项显著为负，说明在政府环境规制因素与产权国有化这一因素交互影响下，随着环境规制强度增加，对产业绿色技术创新产生负向影响，并不存在环境规制在技术创新方面对国有企业的倒逼作用。这可能是因为政府环境规制强度提高了企业生产成本和环境成本支出，挤占了向技术研发倾斜的生产要素分配。但此时资源产权国有这一性质却弥补了环境规制成本给产业绿色技术创新带来的影响，绕过环境规制影响，产生更多的技术创新激励。中国采用多种形式鼓励资源综合利用与技术创新，政府对技术创新的鼓励政策作用远远高于环境规制带来的负向影响。而在模型中加入产业规模与市场结构因素发现，资源型产业的规模对产业绿色技术创新效率具有明显的促进作用，产业规模越大，绿色技术创新绩效越高，产出的规模经济同样体现了相应的绿色技术创新的规模经济。而市场结构对绿色技术创新的影响并不显著，时间变量对绿色技术创新效率的影响为正，也就是随着时间的推移，各产业创新积累促进了技术研发。

环境规制与产权的国有化配置是政府主导下的外生变量，具有政策特征，作用于具体产业后，受不同产业其他因素的影响而具有不同的绿色技术创新效应。为了获得更详细的结果，本书控制其他变量回归发现，产权国有化配置并不是一直对绿色技术创新绩效具有促进作用，再加入了环境规制因素后，才显示出较为显著的积极影响，但环境规制的影响却并不显著，这说明资源型产业的环境外部性特征影响绿色技术创新。进一步的研究可以发现，市场结构的作用受到产业规模的影响，但是这种影响同时受其他因素的干扰并不稳定。从创新动机来看，资源开采业相同资源种类的产品间差异不大，没有产品差异化竞争，创新的主要目的是降低开采成本，提高开采回采率、选矿回收率、综合利用率。而在资源加工业中，对原材料的应用程度是随市场需要变化的，产业内产品差异化程度较高，技术创新的目的不仅是降低成本，还需要通过生产工艺创新提高产品竞争优势。在市场竞争下，产业异质性市场势力改变了所有权结构的作用机制，市场势力大小影响了产业绿色技术创新选择。

表6.3　产权配置国有化下绿色技术创新效率影响因素实证结果

变量	被解释变量：绿色技术创新效率 国有化产权					
模型（FE）	模型（1）	模型（2）	模型（3）	模型（4）	模型（5）	模型（6）
Ownership	-0.1139 (-0.22)	0.3438 (0.60)	1.9177*** (2.57)	1.1689 (1.48)	1.6706** (2.03)	2.5698*** (2.88)
Regulation		-0.0455* (-1.74)	0.0447 (1.17)	0.0402 (1.08)	0.0410 (1.11)	0.0995** (2.27)
Ownership × Regulation			-0.3847*** (-3.15)	-0.4263*** (-3.54)	-0.4357*** (-3.56)	-0.4864*** (-4.09)
Market Structure				1.2287** (2.50)	-0.2215 (-0.24)	0.2777 (0.30)
Industrial Scale					0.0088* (1.87)	0.0085* (1.86)
t						0.0284* (2.37)
Constant	0.7481*** (3.44)	0.6696*** (3.04)	0.1983 (0.76)	0.4512 (1.65)	0.2623 (0.91)	-57.3480** (-2.36)
F	5.78	6.16	7.08	7.90	7.30	8.08
Prob > F	0.0000	0.0000	0.0000	0.0000	0.0000	0.0000
LM test						4485.62 (0.0000)
Hausman test						26.11 (0.0002)

注：括号内对应t值，*、**、***分别表示在10%、5%和1%的水平上显著。

(2) 产权非国有化影响

对非国有产权的绿色技术创新效率影响效应的实证检验（见表 6.4）显示，与产权国有化的作用正好相反，产权非国有化对产业绿色技术创新效率具有显著的负向作用。同样的，环境规制也对产业技术进步缺乏正向激励。值得注意的是，政府环境规制与产权非国有化的相互影响显著为正，共同促进产业技术研发。即随着政府环境规制强度的增加，非国有资源型企业开始由承担外部性成本转变为更倾向于通过技术研发降低污染排放，降低外部性，从而从总体上降低政府环境规制成本。而市场结构与产业平均规模对绿色技术创新效率的影响则与国有产权相同。市场结构的影响同样受到产业规模的作用，由显著为正变得不再具有明显作用。同样，时间变量仍然存在显著的促进作用。

表 6.4 产权配置非国有化下绿色技术创新效率影响因素实证结果

变量	被解释变量：绿色技术创新效率 非国有化产权					
模型（FE）	模型（1）	模型（2）	模型（3）	模型（4）	模型（5）	模型（6）
Ownership	0.8481 (1.59)	0.5623 (0.94)	−0.7138 (−0.81)	−0.7916 (−0.92)	−1.1734 (−1.31)	−2.0206** (−2.06)
Regulation		−0.0271 (−1.04)	−0.1925** (−2.18)	−0.2735*** (−3.02)	−0.2793*** (−3.09)	−0.2859*** (−3.20)
Ownership × Regulation			0.3178* (1.96)	0.4238*** (2.61)	0.4282*** (2.65)	0.5140*** (3.11)
Market Structure				1.2085*** (2.80)	0.1939 (0.23)	0.8346 (0.92)
Industrial Scale					0.0067 (1.37)	0.0066 (1.36)
t						0.0250** (2.03)
Constant	0.3623* (1.70)	0.5440* (1.97)	1.1612*** (2.79)	1.1774*** (2.91)	1.3412*** (3.18)	−48.7878* (−1.97)
F	5.88	5.98	5.88	6.65	5.99	6.43
Prob > F	0.0000	0.0000	0.0000	0.0000	0.0000	0.0000

续表

变量	被解释变量：绿色技术创新效率 非国有化产权					
模型（FE）	模型（1）	模型（2）	模型（3）	模型（4）	模型（5）	模型（6）
LM test						2404.00 (0.0000)
Hausman test						26.14 (0.0000)

注：括号内对应 t 值，*、**、*** 分别表示在 10%、5% 和 1% 的水平上显著。

6.3.2 产业异质性与绿色技术创新

以上分析了资源产权配置的所有制结构对产业绿色技术创新的影响，国有产权与非国有产权对产业绿色技术创新行为选择产生了完全不同的影响结果。同时，本书也发现，由于不同产业的产权国有化程度差异较大，通过产业市场结构、产业规模和时间变量等因素对产业间绿色技术创新具有个体效应。而以往的经验研究也已经证实，不同企业所有权性质和环境规制影响对产业绿色技术创新绩效具有显著的产业异质性影响。因此，本书进一步通过产业分组，对不同资源种类的产业绿色技术创新影响因素进行深入分析。

（1）按资源产业链分组

按照资源的处理程度对资源型产业进行分组，分别为资源开采业、资源加工业和能源供应业。煤炭开采和洗选业、石油天然气开采业、黑色金属矿采选业、有色金属矿采选业以及非金属矿采选业为组1，石油加工与炼焦及核燃料加工、非金属矿物制品业、黑色金属冶炼及压延加工业、有色金属冶炼及压延加工业、金属制品业等为组2，电力热力生产和供应业、燃气生产和供应业为组3。

分组回归和检验发现，各分组产业差异较大。由表6.5可以看出，产权国有化在资源开采业中的作用较为显著，影响系数和显著性均高于整体回归结果，说明资源开采业的绿色技术创新在国有企业中效率较高。资源的可耗竭性和资源国家所有决定了该产业的技术创新具有公共产品特征，资源开采权作为间接进入规制也限制了非国有化企业的绿色技术创新投入与积极性。而资源加工业的非国有化特征则对产业绿色技术创新具有显著的促进作用，这与产业的市场结构有很大关系。相比于其他产业，资源加工业非国有化水平普遍较高，企业数量多，市场竞争较为灵活也更加激烈，从而带动行业总体绿色技术效率提升。与之相反的是组3，虽然统计上并不具有显著性，但电力、热力等能源供应和公共服务大部分市场由国有企业垄断，地区分割的局部垄断缺乏竞争，创新激励不足；该类产业的绿色技术创新效率提升主要来自对产业规模的控制。环境规制在采矿业与资源加工业的影响虽然回归系数为正，但是这种正向促进作用却被环境规制与国有所有权的交互项结果影响，相较于供应业和非国有化作用，这两类产业在环境规制影响下付出创新投入，规避环境规制成本的意愿并不强烈，这与前文产权国有化的技术创新因素结果一致。而其他各产业种类的环境规制效果并不显著，环境规制仍然不具备绿色对技术创新的推动作用。但是，交互项的作用恰恰相反，出现了正的技术激励。

表 6.5　　　　　　　　按资源处理程度分组回归结果

模型	国有化产权			非国有化产权		
分组	组1	组2	组3	组1	组2	组3
Ownership	4.9974*** (2.91)	−0.0234 (−0.02)	−5.2369 (−1.01)	−2.2141 (−1.18)	1.2193*** (3.67)	−1.8690 (−0.53)
Regulation	0.0917 (1.18)	0.1123* (1.73)	−0.6303 (−0.64)	−0.3658** (−2.39)	−0.0681 (−0.82)	−0.2266 (−0.57)
Ownership × Regulation	−0.7026*** (−3.27)	−0.2718* (−1.95)	1.4241 (0.72)	0.5334* (1.92)	0.1538 (1.11)	0.5181 (0.56)
Market Structure	0.8076 (0.51)	1.7896 (1.33)	−1.4445 (−0.12)	1.1685 (0.73)	3.8254*** (3.82)	−2.1901 (−0.23)
Industrial Scale	0.0053 (0.66)	0.0033 (0.58)	0.0206 (1.28)	0.0025 (0.30)	−0.0046 (−0.98)	0.0267** (2.38)
t	0.0397 (1.39)	0.0185 (0.99)	0.0526 (1.02)	0.0078 (0.25)	0.0161* (1.80)	0.0534 (1.36)
Constant	−81.1574 (−1.40)	−36.6746 (−0.96)	−102.7713 (−0.99)	−14.2056 (−0.23)	−32.4792 (−1.80)	−105.7687 (−1.33)

注：括号内对应t值，*、**、***分别表示在10%、5%和1%的水平上显著。

（2）按资源种类分组

由图6.2可见，分组类别1各组置信区间交叉较多，国有化与非国有化的组2和组3均没有显著的产业异质性，这可能是组内的产业差异较大造成的，没有完全反映绿色技术创新影响因素的产业异质性。另外，上述分组方式下，组3样本量较小，也可能导致回归结果产生偏误，需要进一步分组。

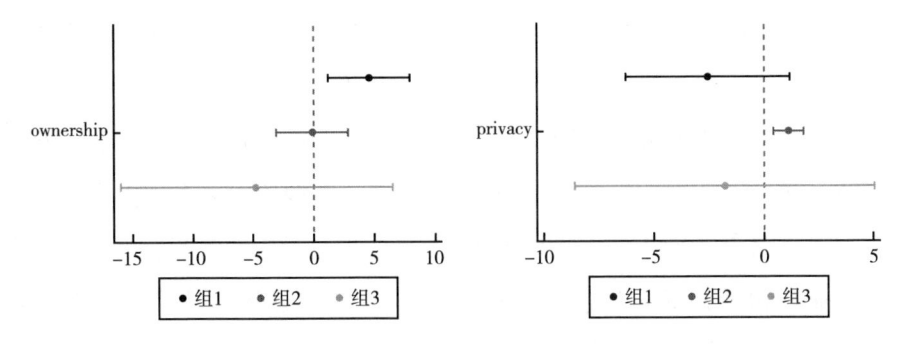

图 6.2 分组类别1国有化（左图）与非国有化（右图）的组间系数及置信区间

不管从国民经济中的地位还是矿产资源特征来看，能源资源与其他种类矿产资源都存在明显区别，能源产业与其他资源类产业差异较大。因此，结合矿产资源特征与加工程度重新进行分组，将能源产业单独分组，剩余产业再根据资源加工程度分组。分组情况如表6.6所示。

表 6.6 按资源特征和加工程度再分组

分组编码	分组类别	产业名称
1	能源产业	煤炭开采和洗选业
		石油和天然气开采业
		石油、煤炭和其他燃料加工
		电力热力生产和供应业
		燃气生产和供应业
2	非能源类资源开采业	黑色金属矿采选业
		有色金属矿采选业
		非金属矿采选业

续表

分组编码	分组类别	产业名称
3	非能源类资源加工业	非金属矿物制品业
		黑色金属冶炼和压延加工业
		有色金属冶炼和压延加工业
		金属制品业

根据分组回归与检验发现（见表6.7和图6.3），三个产业类别的整体回归结果优于第一种分组方法。与前文结果明显不同的是，资源产权的所有权结构属性对能源产业绿色技术创新影响非常显著，影响系数分别达到3.66和2.7788。这与政府能源资源产业政策息息相关，能源资源关系到国家能源安全问题，资源产权配置的国有化倾向明显。数据显示，能源产业国有及国有控股企业产值普遍超过行业总体的50%，石油与天然气开采业甚至超过90%。政府对这些产业市场变化比较敏感，政策制定比较严格，影响也更为直接，这也是环境规制对该类产业技术创新具有正向作用的原因之一。但是，环境规制与产权配置交互项作用为负。正是因为国有化程度较高，市场结构更多地趋向垄断状态。然而，产权国有化与非国有化对绿色技术创新绩效的影响路径不同，产权国有化中市场结构对绿色创新绩效具有正的作用，而对产权非国有化企业的绿色技术效率影响为负，虽然二者均不具有显著性，但是可以看出能源产业国有化企业得益于较高的产业规模占有率而形成垄断，既有竞争优势，又有政府政策支持。而非国有化企业则需要更注重创新，以创新获得竞争优势。以光汇石油为例，作为中国规模最大的民营全产业链石油公司，光汇石油集团借助互联网发展推动战略转型，创新"互联网+石油全产业链"产业发展模式，提高运营效率，实现了传统石油行业的转型升级发展。

非能源资源开采业的实证结果与前文一致。资源产权的所有权结构配置的系数分别高达6.6461和-8.3288。国有化程度越高，开采业的绿色技术创新效率越高，而非国有化开采企业的绿色技术创新效率则越低。同样，环境规制的作用与前文整体回归中产权所有制配置结构的结果类似，环境规制强度越高，国有企业的产业技术研发激励越高。但是，市场结构的作用在非能源资源的开采业与整体回归不同，也区别于其他类型的资源型产业，不论对国有化企业还是非国有化企业的绿色技术创新，大企业数量越多，越具有显著的负向影响。虽然资源开采业的大企业规模经济明显，但是行业的垄断却远远不利于市场竞争和技术创新能力的提升。

与资源开采业相似，金属与非金属资源加工业的市场结构和产业规模也具有同样的作用。但是非能源类资源加工业的国有化程度越高，越不利于技术创新，这与前文结果正好相反。与其他资源产业相比，该类型产业国有化程度较低，市场竞争激烈，灵活的竞争市场有利于产业内创新，绿色技术创新效率较高。时间变量 t 在其他类型产业中均具有积极的促进作用，尽管分组回归中不论国有化还是非国有化的大部分结果系数都不显著，但是其系数却也反映了一些问题。非能源类资源加工业的技术工艺和资源种类有较大关系。一方面，由于金属与非金属、黑色金属等资源种类众多，各资源种类的技术各异，即使相同种类资源由于资源品位不同，加工工艺也不尽相同。另一方面，技术更新周期长，研发成本高。因此对于非能源类资源加工企业而言，技术工艺和技术更新动力较小。所以从产业整体来看，随着时间推移，技术积累对总体绿色技术创新效率的作用为负。

表6.7　　　　　　资源特征和加工程度相结合的分组回归结果

模型	国有化产权			非国有化产权		
分组	组1	组2	组3	组1	组2	组3
Ownership	3.6600 ** (2.37)	6.6461 ** (2.40)	-1.8906 *** (-2.91)	2.7788 *** (3.46)	-8.3288 *** (-3.37)	1.5560 *** (3.07)
Regulation	0.3061 (1.06)	0.2431 * (1.85)	-0.1627 *** (-2.63)	0.2700 *** (3.46)	-0.2436 (-1.26)	0.1372 (0.98)
Ownership × Regulation	-0.8399 * (-1.82)	-0.8243 (-1.64)	0.6506 ** (2.16)	-0.9510 *** (-3.12)	0.6567 * (1.90)	-0.2605 (-1.03)

续表

模型	国有化产权			非国有化产权		
分组	组1	组2	组3	组1	组2	组3
Market Structure	0.6241 (0.59)	-15.9516* (-2.00)	-6.0247** (-2.25)	-0.2285 (-0.23)	-23.1767*** (-2.90)	-1.7454 (-0.62)
Industrial Scale	0.0080 (1.40)	0.0452 (1.50)	0.0410*** (3.58)	0.0064 (1.45)	0.0926** (2.74)	0.0227* (1.72)
t	0.0329 (1.89)	0.0016 (0.04)	-0.0245* (-1.77)	0.0150 (0.85)	0.0244 (0.56)	-0.0030 (-0.20)
Constant	-67.567 (1.90)	-3.6769 (-0.04)	50.5975* (1.81)	-30.2963 (-0.85)	-43.8947 (-0.56)	5.8434 (0.19)

注：括号内对应t值，*、**、***分别表示在10%、5%和1%的水平上显著。

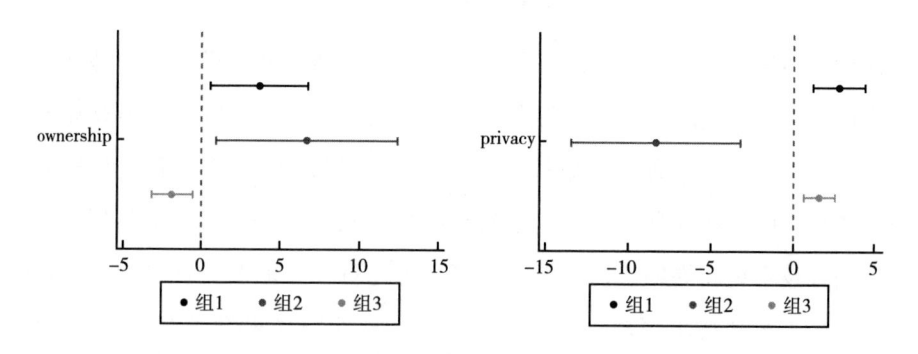

图6.3 分组类别2 国有化（左图）与非国有化（右图）的组间系数及置信区间

6.3.3 稳健性检验

本书稳健性检验采取替换被解释变量和解释变量的方式。首先，对被解释变量进行替换，采用一般DEA方法对环境非期望产出的处理，直接将废水、废气与固体废弃物排放量作为非期望产出指标，计算产业绿色技术创新效率。采用此种方法计算得出的绿色技术创新效率结果与前文以环境外部性成本作为非期望产出指标测算的绿色技术创新效率结果差别较大。不改变解释变量进行回归，回归结果支持本书主要结论。其次，分别替换资源产权配置结构、环境规制强度与产业规模三个指标。其中，产权配置结构采用行业实收资本中的国有资本占比代替产权国有化配置，港澳台与外商资本占比代替非国有化。环境规制指标借鉴国外环境规制实证研究使用较多的成本型指标，采用各产业污染治理成本作为环境规制强度指标，具体为污染治理设施运行费用与污染治理设施套数之比。在政府环境规制影响下，规制强度越高，产业污染排放和治理的压力也越大，因此会更倾向于增加环境治理投入。与前文不同的是，稳健型检验的环境规制强度采用连续型指标。具体而言，在环境监察与管理背景下，为应对环境管理部门的污染排放控制，短期内各企业更倾向于延长污染治理设施运行时间以取得短期污染治理效果，因此污染治理设施运行费用越高，则环境规制越强。产业规模用年底从业人员数替代平均产业产值规模。由表 6.8 可见，无论是单个变量替代还是同时替代原变量均支持前文结论，资源产权的国有化配置更有利于产业绿色技术创新，而非国有产权配置则对产业绿色技术创新产生负向影响。环境规制对绿色技术创新效率的影响也存在显著的区别，对国有化产权企业影响为正，对非国有企业的影响为负，而产权所有制与环境规制交互作用则分别对国有产权和非国有产权产生负向与正向影响，总体上仍然支持本书主要结论。

表 6.8　　　　　　　　　　稳健性检验结果

变量替代方式	替代变量	回归模型	是否支持结论
被解释变量	以污染排放量为非期望产出的绿色技术创新效率	国有产权	是
		非国有产权	是
依次替代	产权结构	国有产权	是
		非国有产权	是
	环境规制	国有产权	是
		非国有产权	是
	产业规模	国有产权	是
		非国有产权	是

续表

变量替代方式	替代变量	回归模型	是否支持结论
两两替代	产权结构与环境规制	国有产权	是
		非国有产权	是
	产权结构与产业规模	国有产权	是
		非国有产权	是
	环境规制与产业规模	国有产权	是
		非国有产权	是
同时替代	产权结构、环境规制与产业规模	国有产权	是
		非国有产权	是

6.4 本章小结

本章从矿业权的所有制配置结构的角度出发，分析了绿色技术创新效率的影响因素。由于国有化与环境规制均为政府规制的重要方式，在煤炭、石油与天然气行业，产权国有化水平较高，加之环境规制的影响，对绿色技术创新的影响"过犹不及"，叠加效应反而不利于绿色技术创新效率的提高；而在金属与非金属矿产资源开采业，以及非能源资源的加工业，产权国有化的程度不高，缺乏绿色技术创新的动力，反而需要结合政府环境规制手段，以倒逼绿色技术创新效率的提高。

第 7 章
采矿权安全性对企业绿色技术创新的影响研究

在政府追求生态效益优先的背景下,产权交易是采矿企业投资的原动力,产权制度安排和绿色技术创新是改善资源环境问题,优化资源配置的关键(陈沁,2018)。然而,中国矿产资源采矿权平均规模较小,期限普遍较短,且经常面临政府行政性收回等问题,这种采矿权的不安全性致使中小型矿山缺乏绿色发展的能力与动力。根据《矿产资源开采登记管理办法》,采矿许可证有效期按照矿山建设规模确定:大型以上的,采矿许可证有效期最长为30年;中型的,采矿许可证有效期最长为20年;小型的,采矿许可证有效期最长为10年。根据这一划分标准,小型采矿权市场的进入门槛低,企业规模往往较小,缺乏集约高效开采资源的能力,粗放式开采会带来严重的资源浪费。同时,较短的矿业权有效期也导致企业缺乏绿色技术创新以及转向绿色发展模式的内在激励。2019年以来通过"招拍挂"等方式配置的采矿权中,中小型矿权数量超过84%,其中,采矿许可证有效期5年以内的近60%;而大型矿权占比不足4%。同时,受矿产种类、资源储量等因素的影响,采矿权配置的所有制结构不均衡特征明显。具体表现是,在非金属矿产资源领域,私有企业采矿权数量较多;而在能源矿产领域,以煤炭为例,资源储量越高,国有企业在采矿权交易中越有优势。这可能通过采矿权获得成本、采矿权期限等因素影响企业绿色技术创新行为。此外，在绿色矿山建设过程中，很多地区采取了采矿权整合重组、关停取缔以及淘汰关闭落后矿山企业等政府规制行为，倒逼矿山企业开展绿色技术创新。这虽然在一定程度上能够刺激企业创新，加快绿色矿山建设，但也正是因为如此，诱发了采矿权不安全性问题。特别是在各级政府"生态保护优先"的原则指导下，政策性关闭矿山采矿许可证的做法更可能加剧企业对采矿权不安全的预期，进而影响企业发展方式的转变。

那么，采矿权退出真的是促进矿产资源有效开发与环境保护的双赢策略吗？特别是在中国中小型矿权比例过高的情况下，较短的采矿权期限和采矿权行政性收回的预期是否会加剧企业的短期行为，使采矿企业更注重短期目标，而忽视绿色技术创新以及转型发展带来的长期收益呢？采矿权制度究竟如何与政府规制手段协同发挥作用，对企业绿色技术创新产生影响？在绿色矿山建设越来越严格的情况下，国有企业在采矿权交易中的自然优势能否延续到绿色技术创新领域？

对矿业权规制的现有研究很少聚焦于采矿权安全性与企业绿色技术创新的关系，而立足于国有企业和私有企业在采矿权市场上的不均衡地位来探讨采矿企业绿色技术创新竞争的文献则更少。本书考虑采矿权安全性因素，通过构建政府与企业、国有企业与私有企业之间的演化博弈模型，研究不同采矿权安全性等级下，政府规制与企业绿色技术创新的策略演化过程，以及国有企业和私有企业的绿色技术创新竞争，并以2019年非金属矿产资源采矿权交易数据进行仿真模拟，实证检验采矿权安全性、采矿权所有制属性以及政府规制等因素对采矿企业绿色技术创新行为的影响及其路径，为采矿企业绿色技术进步和转型升级以及相关政府决策提供参考依据。

7.1 采矿权安全性的界定

《中华人民共和国宪法》规定了矿产资源为国家所有的基本制度。从产

第 7 章
采矿权安全性对企业绿色技术创新的影响研究

权视角来看，矿产资源国家所有权的实现涉及政府多项职能，在产权分配和流转中实现矿产资源的有效开发利用与环境保护。2019年《关于统筹推进自然资源资产产权制度改革的指导意见》中要求，促进自然资源集约开发利用和生态保护修复需要以落实产权主体为关键，市场配置与政府监管相结合，探索所有者权益的有效实现和资源的合理利用，实现矿产资源的经济价值与生态价值。具体而言，在市场经济条件下，产权的可交易性对于提高产权效率具有重要意义，矿产资源的财产属性决定了其经济价值通过交易实现，资源产权明晰和市场交易是实现资源合理定价以及可持续发展的关键（罗小民、杜久钲，2018；陈军、成金华，2016）。

改革开放以来，中国不断健全矿产资源管理制度，探索矿业权市场化交易方式。考虑到矿业权包括探矿权和采矿权，而在资源勘探开发中，由于探矿权与采矿权不合一、矿业权与土地使用权的衔接等因素的制约，以及在现有政策规定下，资源勘探大多数属于国有企业，探矿权的竞争性出让较少，几乎不存在探矿权的安全性问题。鉴于中国矿产资源勘探与开采的市场化发展程度不同，探矿权需要转换成采矿权才能实现资源开采利用，且探矿权和采矿权对企业绿色技术创新的影响差异较大，同时考虑数据可得性，本书主要研究采矿权。

从物品性质而言，矿产资源具有准公共物品性质，单一的市场配置或国家所有容易造成产权配置的失灵，通过矿业权市场进行配置才是最有效率的（王忠、揭俐，2011）。从法律意义上而言，矿业权本身是一种财产权，其可转让性有利于提高矿产资源开发利用效率，实现市场在矿产资源配置中的决定作用。在矿业权流转过程中，对于新形势的不适应以及受限过多，导致矿业权交易市场化程度不高（李显冬、杨城，2014），而矿业权交易本身具有的不确定性和市场信息不对称更是降低了交易效率（晏波，2009），这些都不利于政府对矿产资源的行政管理、市场化配置以及矿业权主体利益的实现。由于产权性质、政府规制等因素的影响，矿业权市场具有不完全竞争性质，存在矿业权重叠、产权不明晰以及产权残缺等问题。王忠和周昱岑（2015）

认为，这些不完全产权容易导致矿产资源价值成为企业竞相争夺的"资源租"，不利于矿业权市场效率的实现。

由于矿产资源兼具财产属性和生态属性，其勘探与开采伴随着对生态环境的改变甚至破坏，同时存在资源保护不足、过度开发、粗放利用等问题，带来了严重的生态破坏和资源耗减，具有负外部性。因此，矿业权问题又关系到矿产资源的有效开发利用和环境保护。中国环境保护的实践显示，在政府干预环境问题时，矿业权存在政府干预下的退出、清理以及停业整改等风险。由于产权具有被征用的风险，矿业权主体存在对矿业权的不稳定预期，也会因为担心矿权使用期限问题而出现破坏性开采和掠夺性开采等短期行为。事实上，由于中小矿权的期限较短，容易面临采矿权到期后的退出、变更以及注销等问题，即使资源储量足够，具有申请延期的可能性，也会存在延期失败的情形，这些都会影响采矿企业对未来不确定性的预期，并进而影响绿色技术创新的投资行为与转型发展。因此，本章所指的采矿权安全性是指在政府各类规制影响下，采矿权的存续不存在由外在因素导致的中断或终止等风险，这类风险包括采矿权期限较短导致的延期不确定性以及因政府干预导致的采矿权收回、终止等两种情形。

7.2 采矿权安全性对绿色技术创新的影响机制

7.2.1 采矿权安全性与政府规制的关系

采矿权不安全会导致资源过度使用或开采。在矿产资源生态价值实现过程中，矿业权交易制度的效果受到矿产种类、资源储量、采矿权所有制属性等因素影响，采矿权安全性是未知的。特别是在资源环境约束下，资源储量越少，采矿权规模往往越小，采矿企业的短期行为越明显，从而产生更为强烈的环境外部性和资源耗减，进而越容易在政府规制下丧失采矿权。但是，矿产资源开采与使用过程中的负外部性问题无法通过市场实现，企业缺乏提供环境与资源等公共品的内在动力（王忠等，2011），即采矿权交易制度在解决资源环境的外部性问题中存在局限性，只能作为一种可行的制度改进，仍然需要政府规制（董金明，2013；陈沁，2018）。本书的政府规制是指为了解决矿产资源产业的环境与资源负外部性问题，政府对采矿企业活动所采取的行为，比如，政府对矿业权人设置的技术标准、资源环境税费以及税费减免、总量控制和其他污染控制措施等资源环境管理政策，这些都可能影响矿业权主体的策略性行为，进而影响采矿业投资（Devereux et al.，2007；Dooley et al.，2005；王忠、周昱岑，2015）。受资源储量影响，采矿权期限较短带来的不安全性问题影响采矿企业预期，而政府规制（特别是环境规制和绿色技术性要求）更加剧了采矿权的不安全性，这些都对采矿企业行为产生重要影响。

7.2.2 政府规制与采矿企业绿色技术创新的关系

在采矿业中，绿色技术是指能够提高资源开采效率、降低生态破坏与污染排放的工艺改进及技术进步，是缓解外部性的有效手段，也是推动矿产资源开采绿色化转型的重要推手，以最大限度实现环境、经济和社会效益的统一。但是，对传统开采技术的路径依赖，导致新技术的研发与推广需要大量的资金、劳动力等要素投入，致使绿色技术创新投入大、成本高，企业需要承担较大的风险（马媛等，2016；周丽等 2009），并且绿色技术的外部性与溢出性也导致研发成本与收益不完全挂钩（龙如银、董洁，2015），开采企业缺乏推广绿色开采技术的积极性，需要政府对企业进行有效的监管。这可能导致政府与采矿企业之间的长期动态博弈。马媛和潘亚君（2019）研究了政府与煤炭开采企业之间的博弈过程，发现政府监管成本和预期收益会对博弈均衡产生影响，而绿色开采收益、非绿色开采收益、绿色开采成本、非绿色开采成本、政府补贴以及非绿色开采政府罚款与企业损失参数等均会影响博弈稳定策略。卢方元（2007）认为，当污染处理收益、环保部门污染惩罚力度和政府污染监测成本较高时，企业污染较为严重。

在现有研究中，针对政府规制与绿色技术创新关系的研究较多，但在不同情境和变量因素下，政府规制对绿色技术创新到底是促进作用还是倒逼作用并没有定论。究其原因，在绿色技术创新的动态过程中，政府与企业之间是相互影响的，企业在何种规制情形下选择绿色技术创新，以及政府在企业何种行为下会选择何种规制，取决于政府和企业对未来行为策略的预期收益。采矿业是高投入、高负外部性行业，矿业权规制对解决负外部性问题的作用有限，需要综合考虑各类因素，分析政府规制与采矿企业绿色技术创新的动态博弈过程。

7.2.3 政府规制下采矿权安全性与绿色技术创新的关系

产权和政府规制是缓解资源过度耗减与环境外部性问题的有效选择（Libecap, 2007）。一方面，政府以采矿权退出与清理等政府行政式规制以及环境规制对采矿企业绿色创新行为产生强制性约束；另一方面，政府可以通过采矿权市场化配置的竞争机制引导采矿企业的绿色技术创新行为。

（1）采矿权安全性对绿色技术创新的传导机制

由于绿色技术具有公共品特征，主要用于解决环境与资源耗减等负外部性问题，因此，采矿企业缺乏绿色技术创新的内在动力。在政府绿色矿山建设、产业转型升级以及其他相关政策影响下，采矿企业会根据政策要求、市场变化和自身能力等因素决定是否开展绿色技术创新活动。如果政府的环境政策可能降低绿色技术收益的不确定性，并提高绿色技术研发收益的稳定性，则能够增加创新（Schmidt et al., 2012）。考虑采矿权因素后，采矿权是否安全则直接影响采矿企业对未来的预期，决定了采矿企业在短期利润与长期效益中的权衡。假设采矿权主体是明确的，预期不变，考虑绿色技术的研发投入与研发周期以及可能产生的技术溢出效应，采矿权安全性越高，则采矿企业开展绿色技术创新的意愿越强；反之则不会投资于绿色创新，短期行为明显。而采矿权安全与否、采矿权期限长短，往往受矿产资源核定储量与可采储量以及企业年生产能力等因素影响，并进而影响采矿企业规模大小。

事实上，政府与采矿企业之间的信息是不对称的，政府规制与采矿企业之间存在博弈。假设政府在采矿权配置中以捆绑绿色技术标准作为规制方式，并以此作为判断采矿权进入或退出市场的标准，采矿企业则会通过绿色技术创新的成果获得或丧失采矿权。那么，为了获得较为安全的采矿权，并满足政府标准，开展绿色技术创新就是采矿企业的理性选择。即采矿权期限较短或采矿权不安全性较高的企业更有可能开展绿色技术创新。如果采矿权安全性非常高，不管政府规制强度如何，采矿企业都不存在丢失采矿权的可能，那么只要企业能够承担政府规制成本，就不存在开展绿色技术创新的激励，绿色技术创新水平反而更低（Heyes and Kapur，2011）。

（2）采矿权安全性对绿色技术创新的市场竞争机制

采矿权安全性与政府规制通过市场竞争机制内部化交易成本，以激励采矿企业的绿色技术创新行为。

在采矿权市场的进入竞争中，采矿权交易可淘汰不具备绿色技术创新能力的企业。根据《矿业权交易规则》，采矿权交易主体应该满足中国矿业权交易的申请条件与资质条件，具备相应的资源开发利用能力与矿山地质环境保护与土地复垦能力等。而在采矿权存续竞争中，大规模矿山的进入门槛较高，需要具有较强的资本实力、较高的生产规模与技术水平，因此，采矿许可证年限较长的采矿企业更可能开展绿色技术创新。国有企业是资源国家所有权益的体现，开采规模与技术水平往往优于私有企业。同时，作为政府参与和干预经济的重要手段，国有企业也更加具备开展绿色技术创新的动力（黄速建、余菁，2006）。在以绿色技术创新能力为重要考核标准的采矿权竞争中，国有企业具有较高的绿色技术创新优势，更容易获得长期采矿权。随着政府规制强度的增加，采矿权的不安全性具有倒逼私有企业开展绿色技术创新的作用。以非金属矿产资源的采矿权为例，非金属矿产资源种类繁多，伴生矿藏多，单个矿山资源储量较低，采矿权许可证年限往往较短，安全性不足。较低的市场进入门槛形成了私有企业绿色技术创新能力先天不足的局面，更加剧了私有企业采矿权的不安全性，因为如果不开展绿色技术创新，企业随时面临采矿权退出的风险。因此，采矿权不安全性反而具有倒逼私有企业积极开展绿色技术创新的作用，长远来看则可能使私有企业获得采矿权市场的竞争优势。

综上所述，采矿权安全性、政府规制与绿色技术创新的影响机制关系如图7.1所示。

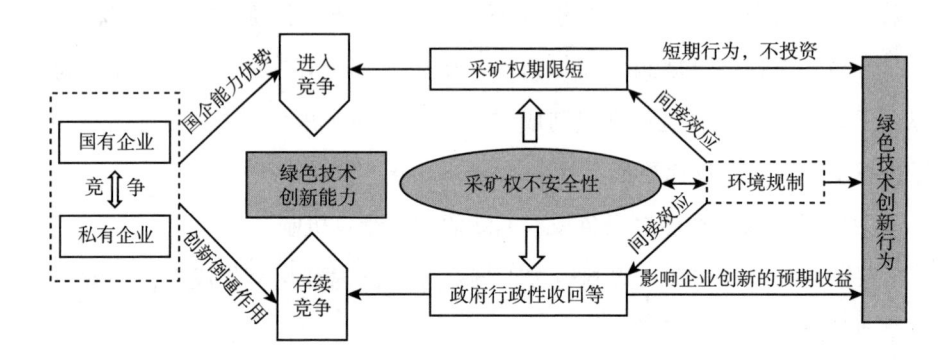

图7.1 采矿权不安全情形对绿色技术创新的影响机制

7.3 模型建立

7.3.1 政府规制与采矿企业绿色技术创新的演化博弈模型

假设博弈的参与主体为政府部门和采矿企业，双方都是有限理性的，且双方的信息具有不对称性。政府部门的采矿权配置会在一定程度上影响企业绿色技术创新行为。在假定其他采矿权配置要求不变的情况下，如果企业绿色技术创新能够达到政府技术标准，则不收回采矿权；如果达不到，则收回采矿权。假设采矿权安全系数为 θ，$\theta \in [0,1]$，表示在政府矿业权规制和其他环境规制影响下，采矿权不会被政府行政性收回的概率。θ 越大，表明采矿权安全性越高，反之，则采矿权安全性越低。

假设环境规制能够影响企业绿色创新行为，政府部门是否采取规制措施取决于采矿企业的绿色技术创新水平。同时，如果企业达到政府规制要求，还可以获得政府补贴。政府部门的策略为规制和不规制，政府规制的概率设为 $x(0 \leqslant x \leqslant 1)$，则政府不规制的概率为 $1-x$。

采矿企业以绿色技术创新应对政府规制，即以技术进步降低采矿活动中的生态破坏和环境污染。企业是否开展绿色技术创新活动受到采矿权安全性的影响。面对政府的资源环境管理目标，企业的对应策略是开展绿色技术创新和不开展绿色技术创新，假设企业开展绿色技术创新的概率为 $y(0 \leqslant y \leqslant 1)$，则不开展绿色技术创新的概率为 $1-y$。

在政府规制情况下，如果采矿企业选择开展绿色技术创新，研发投资受采矿权安全系数的影响，为 θC，即采矿权越安全，企业技术研发的未来预期收益越高，研发投资也越多。企业的收益为 $R-\theta C+S-C_p$，其中，S 为企业开展绿色技术创新获得的政府补贴，C_p 为采矿权使用成本。此时，政府收益为 $W+C_p-S$，其中，W 表示因采矿企业绿色技术创新带来的社会福利提高。如果采矿企业不开展绿色技术创新，企业的收益为 $R-C_e-C_p$，其中，C_e 表示采矿企业不开展绿色技术创新时需要缴纳的规制成本，此时，政府收益为 C_e+C_p。

在政府不规制的情况下，如果采矿企业选择绿色技术创新，企业的收益为 $R-\theta C-C_p$，政府的收益为 C_p+W。如果采矿企业不进行绿色技术创新，企业收益为 R，政府收益为 C_p。在政府采矿权配置下，博弈双方收益矩阵如表 7.1 所示。

表 7.1　　　　　　　　演化博弈双方收益矩阵

		采矿企业	
		绿色技术创新 y	非绿色技术创新 $1-y$
政府部门	规制 x	$W+C_p-S$；$R-\theta C+S-C_p$	C_e+C_p；$R-C_e-C_p$
	不规制 $1-x$	C_p+W；$R-\theta C-C_p$	C_p；R

由于博弈双方策略选择概率是未知的，因此形成了一种混合策略。无论是政府部门还是采矿企业，都不会单方面改变策略以增加额外的成本付出。因此，本章演化博弈分析此混合策略，由表 7.1 可以分别计算以下几种收益。

对于政府部门而言，规制与不规制的期望收益分别为：

$$E_{11} = y(W + C_p - S) + (1 - y)(C_e + C_p) = yW - yS + (1 - y)C_e + C_p \tag{7-1}$$

$$E_{12} = y(C_p + W) + (1 - y)C_p = yW + C_p \tag{7-2}$$

政府部门的平均期望收益为：

$$\overline{E_1} = xE_{11} + (1 - x)E_{12} = -xyS + x(1 - y)C_e + yW + C_p \tag{7-3}$$

此时，政府规制的复制动态方程为：

$$F(x) = \frac{dx}{dt} = x(E_{11} - \overline{E_1}) = x(x - 1)[yS + (y - 1)C_e] \tag{7-4}$$

采矿企业开展绿色技术创新与不开展绿色技术创新的期望收益为：

$$E_{21} = x(R - \theta C + S - C_p) + (1 - x)(R - \theta C - C_p)$$
$$= xS + R - \theta C - C_p \tag{7-5}$$

$$E_{22} = x(R - C_e - C_p) + (1 - x)R = R - xC_e - xC_p \tag{7-6}$$

此时，采矿企业平均期望收益为：

$$\overline{E_2} = yE_{21} + (1 - y)E_{22} = xyS - y\theta C + R + x(y - 1)C_e$$
$$+ (xy - x - y)C_p \tag{7-7}$$

此时，采矿企业绿色技术创新的复制动态方程为：

$$F(y) = \frac{dy}{dt} = y(E_{21} - \overline{E_2}) = y(y - 1)[\theta C - xS - (x - 1)C_p + xC_e] \tag{7-8}$$

矿业权传导机制下，政府部门与采矿企业行为选择的最优均衡点是在策略动态调整中形成的,此时形成的策略为演化稳定策略。

令式(7-4)和式(7-8)分别等于0,得到两组稳定状态的解为:

$$x_1 = 0, x_2 = 1, y^* = \frac{C_e}{S + C_e}$$

$$y_1 = 0, y_2 = 1, x^* = \frac{\theta C + C_p}{S + C_p - C_e}$$

由此得到系统的均衡点为:A(0,0),B(1,0),C(0,1),D(1,1),O$(\frac{\theta C + C_p}{S + C_p - C_e}, \frac{C_e}{S + C_e})$。

系统的雅可比矩阵为:

$$J = \begin{pmatrix} (2x-1)[yS + (y-1)C_e] & x(x-1)(S + C_e) \\ y(y-1)(C_e - S - C_p) & (2y-1)[\theta C - xS - (x-1)C_p + xC_e] \end{pmatrix}$$

$$= \begin{pmatrix} a_{11} & a_{12} \\ a_{21} & a_{22} \end{pmatrix}$$

(1) 政府部门规制策略的演化稳定性分析

当 $y^* = \frac{C_e}{S + C_e}$ 时,有 $F(x) = 0$,这表示所有的 x 都是稳定状态,不管政府是否采取规制措施,都是演化稳定策略。

当 $y^* \neq \frac{C_e}{S + C_e}$ 时,$x_1 = 0, x_2 = 1$ 均是使 $F(x) = 0$ 的点,即两个稳定均衡点。但是,是否是演化稳定策略还需要进一步判断。由于演化稳定策略 ESS 要求抗扰动特征,只有当 $\frac{dF(x)}{dx} < 0$ 时才是演化稳定策略。计算可得 $\frac{dF(x)}{dx} = (2x-1)[yS + (y-1)C_e]$,当 $y > \frac{C_e}{S + C_e}$ 时,$\frac{dF(x)}{dx}\big|_{x=0} < 0$,$x = 0$ 是平衡点,政府选择不采取环境规制措施。当 $y < \frac{C_e}{S + C_e}$ 时,$\frac{dF(x)}{dx}\big|_{x=1} < 0$,$x = 1$ 是平衡点,此时,政府选择采取环境规制以倒逼采矿企业开展绿色技术创新。

因此，政府规制的 ESS 动态趋势如图 7.2 所示。

(a) 当 $y^* = \dfrac{C_e}{S+C_e}$ 时　　(b) 当 $y^* < \dfrac{C_e}{S+C_e}$ 时　　(c) 当 $y^* > \dfrac{C_e}{S+C_e}$ 时

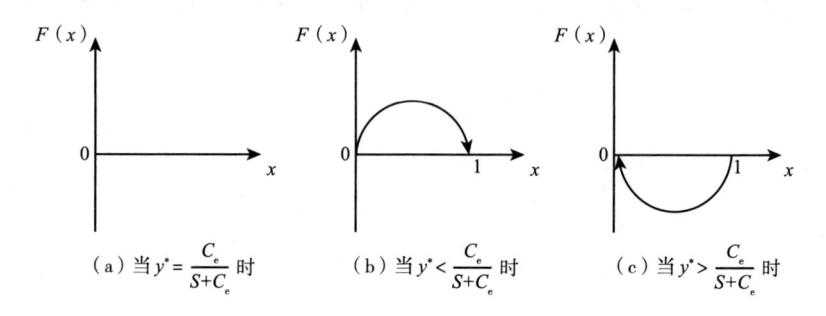

图 7.2　政府规制的 ESS 动态趋势示意图

(2) 采矿企业绿色技术创新策略的演化稳定性分析

当 $x^* = \dfrac{\theta C + C_p}{S + C_p - C_e}$ 时，有 $F(y) = 0$，这表示所有的 y 都是稳定状态，不管采矿企业是否开展绿色技术创新，都是演化稳定策略。

当 $x^* \neq \dfrac{\theta C + C_p}{S + C_p - C_e}$ 时，$y_1 = 0, y_2 = 1$ 均是使 $F(y) = 0$ 的点，即两个稳定均衡点。但是，采矿企业的绿色技术创新的演化稳定策略还需要进一步判断。由于演化稳定策略 ESS 要求抗扰动特征，只有当 $\dfrac{dF(y)}{dy} < 0$ 时才是演化稳定策略。计算可得 $\dfrac{dF(y)}{dy} = (2y-1)[\theta C - xS - (x-1)C_p + xC_e]$，当 $x < \dfrac{\theta C + C_p}{S + C_p - C_e}$ 时，$\left.\dfrac{dF(y)}{dy}\right|_{y=0} < 0$，$y = 0$ 是平衡点，此时，采矿企业开展绿色技术创新的收益低于不研发时的收益，因此采矿企业不会开展绿色技术创新。当 $x > \dfrac{\theta C + C_p}{S + C_p - C_e}$ 时，$\left.\dfrac{dF(y)}{dy}\right|_{y=1} < 0$，$y = 1$ 是平衡点，此时，采矿企业选择绿色技术创新以获得更高收益。因此，采矿企业绿色技术创新的 ESS 动态趋势如图 7.3 所示，同时参见表 7.2。

第 7 章　采矿权安全性对企业绿色技术创新的影响研究

(a) 当 $x^* = \dfrac{\theta C + C_p}{S + C_p - C_e}$ 时　　(b) 当 $x^* > \dfrac{\theta C + C_p}{S + C_p - C_e}$ 时　　(c) 当 $x^* < \dfrac{\theta C + C_p}{S + C_p - C_e}$ 时

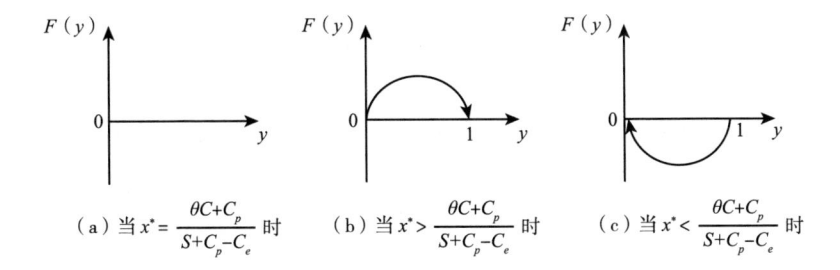

图 7.3　采矿企业绿色技术创新的 ESS 动态趋势示意图

表 7.2　均衡点稳定性分析

均衡点	$Det(J)$		$Tr(J)$		稳定性
A(0,0)	$-C_e(\theta C + C_p)$	$-$	$C_e - \theta C - C_p$		不稳定
B(1,0)	$-C_e(S - \theta C - C_e)$		$S - \theta C - 2C_e$		不稳定
C(0,1)	$-S(\theta C + C_p)$	$-$	$-S + \theta C + C_p$		不稳定
D(1,1)	$S(\theta C - S + C_e)$		$\theta C + C_e$	$+$	不稳定
$O\left(\dfrac{\theta C + C_p}{S + C_p - C_e},\ \dfrac{C_e}{S + C_e}\right)$	$-\dfrac{SC_e(\theta C + C_p)(\theta C - S + C_e)}{S + C_p - C_e}$		0		鞍点

7.3.2　采矿企业所有制结构与绿色技术创新

(1) L－V 模型构建

受矿产种类、资源储量以及采矿企业综合能力等因素影响，采矿权安全性和采矿许可有效期存在所有制差异，并进而影响国有企业和私有企业的绿色技术创新意愿与水平。本部分内容将采用 L－V 模型，分析国有企业和私有企业在绿色技术创新中的动态博弈演化过程。

L－V 模型是借鉴生物种群理论发展而来的种群间共生关系的微分方程动态系统模型，可以实现对种群之间竞争与合作关系的量化研究。假设采矿权配置以绿色技术水平为判断标准，在同一个采矿权市场，采矿权的所有制结构包括国有企业和私有企业。为了获得更多的采矿权，国有企业与私有企业之间存在绿色技术创新的竞争。以 $g(t)$ 表示 t 期采矿权安全系数影响下的绿色技术创新产出量，$g(t)$ 表示绿色技术创新的增长率，有 $\dot{g}(t) = \dfrac{dg(t)}{dt}$，$f(g)$ 表示绿色技术创新的瞬时增长率 $\dfrac{\dot{g}(t)}{g(t)}$。假设绿色技术创新是以达到政府规制目标为基准，其市场需求量是常数 L。当 $L \sim \infty$ 时，绿色技术创新的瞬时增长率 $f(g)$ 为常数 τ，$\tau \in [0,1]$，有 $f(g) = \dfrac{\dot{g}(t)}{g(t)} = \tau$，即 $\dot{g}(t) = \tau g(t)$。

现实的采矿权市场中，受技术无限性、溢出性以及采矿权安全系数的影响，采矿企业的绿色技术创新数量有限，即 L 是有限的。因此，设绿色技术创新密度为 $\dfrac{g(t)}{L}$。随着技术水平的提高，研发难度会越来越大，出现技术研发的阻滞，需要更高的研发投入维持绿色技术创新增长。当 $g(t) > L$ 时，随着研发投入的增加，采矿企业会逐渐放弃绿色技术创新；而当 $g(t) < L$ 时，研发数量将不断增加，直到达到政府要求。为方便研究，本书假设研发投入与研发产出具有线性关系，采矿企业研发投入与产出仅受到采矿权安全性影响，有 $\dfrac{\theta g(t)}{L}$，且与 $f(g)$ 为线性关系，因此有：

$$f(g) = \tau - \tau \dfrac{\theta g(t)}{L} = \tau \cdot \left(1 - \dfrac{\theta g(t)}{L}\right) \qquad (7-9)$$

（2）绿色技术创新的演变过程

根据以上假设，国有企业和私有企业处于同一个采矿权市场，f_1 和 f_2 分别表示私有企业和国有企业的绿色技术创新瞬时增长率，国有企业和私有企业存在竞争关系，均受到采矿权安全系数影响，得到 Kolmogorov 模型式：

$$f_1(g_1, g_2, \theta_1) = \dfrac{\dot{g_1}(t)}{g_1(t)} \qquad (7-10)$$

$$f_2(g_1, g_2, \theta_2) = \dfrac{\dot{g_2}(t)}{g_2(t)} \qquad (7-11)$$

由式 (7-10) 和式 (7-11)，转换为 L-V 模型为：

$$\begin{cases} \dfrac{\dot{g_1}(t)}{g_1(t)} = \tau_1 \cdot (1 - \dfrac{\theta_1 g_1}{L_1} - \mu_{12} \cdot \dfrac{\theta_2 g_2}{L_2}) \\ \dfrac{\dot{g_2}(t)}{g_2(t)} = \tau_2 \cdot (1 - \dfrac{\theta_2 g_2}{L_2} - \mu_{21} \cdot \dfrac{\theta_1 g_1}{L_1}) \end{cases} \quad (7-12)$$

国有企业与私有企业的绿色技术创新并不是相互独立的，而是具有相互影响作用。式中，μ_{12}、μ_{21} 为技术影响因子。μ_{12} 表示国有企业绿色技术创新对私有企业绿色技术创新产出的影响程度，可能是国有企业绿色技术创新的溢出效应，也可能是因国有企业的绿色技术创新而导致的对政府补贴的挤占效应。μ_{21} 表示私有企业对国有企业的技术影响因子。

同时，由式 (7-12) 也可以发现，国有企业与私有企业的绿色技术创新均受到研发阻滞效应的影响，来自自身的阻滞效应为 $\dfrac{\theta_i}{L_i}$ ($i = 1,2$)，受对方创新影响的阻滞效应为 $\dfrac{\mu_{ij}\theta_j}{L_j}$ ($i = 1,2$ 且 $i \neq j$)。

(3) 绿色技术创新的演变稳定性分析

在以绿色技术创新为基础的采矿权配置竞争中，国有企业与私有企业的竞争重点为绿色技术创新的竞争。假设两类企业群体均采取独立研发策略，排除研发合作的可能性，两个群体间的绿色技术创新最终会达到演化稳定均衡。

由式 (7-12) 可得私有企业和国有企业绿色技术创新的复制动态方程为：

$$\begin{cases} \dot{g_1}(t) = \dfrac{dg_1(t)}{dt} = \tau_1 \cdot g_1(t) \cdot (1 - \dfrac{\theta_1 g_1}{L_1} - \mu_{12} \cdot \dfrac{\theta_2 g_2}{L_2}) \\ \dot{g_2}(t) = \dfrac{dg_2(t)}{dt} = \tau_2 \cdot g_2(t) \cdot (1 - \dfrac{\theta_2 g_2}{L_2} - \mu_{21} \cdot \dfrac{\theta_1 g_1}{L_1}) \end{cases} \quad (7-13)$$

令 $\dot{g_1}(t) = \dot{g_2}(t) = 0$ 可得演化均衡点分别为，$G_1(0,0)$、$G_2\left(\dfrac{L_1}{\theta_1},0\right)$、

$G_3\left(0, \dfrac{L_2}{\theta_2}\right)$、$G_4\left(\dfrac{(1-\mu_{12})L_1}{\theta_1(1-\mu_{12}\mu_{21})}, \dfrac{(1-\mu_{21})L_2}{\theta_2(1-\mu_{12}\mu_{21})}\right)$。

$$\text{令} J_2 = \begin{pmatrix} \dfrac{\partial \dot{g}_1(t)}{\partial g_1(t)} & \dfrac{\partial \dot{g}_1(t)}{\partial g_2(t)} \\ \dfrac{\partial \dot{g}_2(t)}{\partial g_1(t)} & \dfrac{\partial \dot{g}_2(t)}{\partial g_2(t)} \end{pmatrix} = \begin{pmatrix} \tau_1\left(1 - \dfrac{2\theta_1 g_1}{L_1} - \mu_{12}\cdot\dfrac{\theta_2 g_2}{L_2}\right) & -\tau_1\mu_{12}\cdot\dfrac{\theta_2 g_1}{L_2} \\ -\tau_2\mu_{21}\cdot\dfrac{\theta_1 g_2}{L_1} & \tau_2\left(1 - \dfrac{2\theta_2 g_2}{L_2} - \mu_{21}\cdot\dfrac{\theta_1 g_1}{L_1}\right) \end{pmatrix}$$

$$= \begin{pmatrix} b_{11} & b_{12} \\ b_{21} & b_{22} \end{pmatrix}$$

设 $p = b_{11} + b_{22}$；$q = |J_2|$，由于 $p < 0$ 且 $q > 0$ 时，均衡点稳定，而当 $p > 0$ 或者 $q < 0$ 时，均衡点不稳定。由此可以得到均衡点的稳定条件如表7.3所示。可以发现，国有企业和私有企业绿色技术创新的均衡点稳定性与绿色技术创新增长率 τ_1 和 τ_2、技术影响因子 μ_{12} 和 μ_{21} 有关，不存在演化稳定均衡点。

表7.3　　　　　　　　　竞争演化稳定性分析

均衡点	p	q	稳定性	稳定条件
G_1	$\tau_1 + \tau_2$	$\tau_1\tau_2$	不稳定点	鞍点
G_2	$-\tau_1 + \tau_2(1-\mu_{21})$	$-\tau_1\tau_2(1-\mu_{21})$	不稳定点	$\mu_{21} > 1$
G_3	$-\tau_2 + \tau_1(1-\mu_{12})$	$-\tau_1\tau_2(1-\mu_{12})$	不稳定点	$\mu_{12} > 1$
G_4	$\dfrac{-\tau_1(1-\mu_{12}) - \tau_2(1-\mu_{21})}{1-\mu_{12}\mu_{21}}$	$\dfrac{\tau_1(1-\mu_{12})\cdot\tau_2(1-\mu_{21})\cdot(1+\mu_{12}\mu_{21})}{(1-\mu_{12}\mu_{21})^2}$	不稳定点	$\mu_{21} \geqslant 1$ 且 $\mu_{12} \geqslant 1$ 或者 $\mu_{21} \leqslant 1$ 且 $\mu_{12} \leqslant 1$

由式（7-13）可得，私有企业和国有企业两个群体的绿色技术创新的线性表示分别为：

$$N_1 : 1 - \dfrac{\theta_1 g_1}{L_1} - \mu_{12}\cdot\dfrac{\theta_2 g_2}{L_2} = 0$$

$$N_2 : 1 - \dfrac{\theta_2 g_2}{L_2} - \mu_{21}\cdot\dfrac{\theta_1 g_1}{L_1} = 0$$

直线 N_1 与 $g_1 = 0$ 的交点为 $\left(0, \dfrac{L_2}{\mu_{12}\theta_2}\right)$，与 $g_2 = 0$ 的交点为 $\left(\dfrac{L_1}{\theta_1}, 0\right)$；直线 N_2 与 $g_2 = 0$ 的交点为 $\left(\dfrac{L_1}{\mu_{21}\theta_1}, 0\right)$，与 $g_1 = 0$ 的交点为 $\left(0, \dfrac{L_2}{\theta_2}\right)$。

在均衡点 $G_2\left(\dfrac{L_1}{\theta_1}, 0\right)$ 上，稳定条件是 $\mu_{21} > 1$。当同时有 $\mu_{12} < 1$ 时，如图 7.4（a）所示，随着时间的推移，最终结果收敛于 G_2。此时，采矿权市场的绿色技术创新来源于私有企业的创新，国有企业绿色技术创新丧失完全竞争力。由此，采矿权配置集中于私有企业。

当 $\mu_{12} > 1$，并且 $\mu_{21} < 1$ 时，如图 7.4（b）所示，均衡点 $G_3\left(0, \dfrac{L_2}{\theta_2}\right)$ 处于稳定状态，说明私有企业的绿色技术创新不再对采矿权配置产生影响，最终采矿权配置收敛于国有企业。

当 $\mu_{12} < 1$ 且 $\mu_{21} < 1$ 时，均衡点 $G_4\left(\dfrac{(1-\mu_{12})L_1}{\theta_1(1-\mu_{12}\mu_{21})}, \dfrac{(1-\mu_{21})L_2}{\theta_2(1-\mu_{12}\mu_{21})}\right)$ 处于稳定状态。两类采矿企业的绿色技术创新动态演化趋势如图 7.4（c）。此时，国有企业和私有企业的绿色技术创新在采矿权结构配置中的影响为 $\dfrac{g_1}{g_2} = \dfrac{(1-\mu_{12}) \cdot L_1 \cdot \theta_2}{(1-\mu_{21}) \cdot L_2 \cdot \theta_1}$。

当 $\mu_{12} > 1$ 且 $\mu_{21} > 1$ 时，对于均衡点 $G_4\left(\dfrac{(1-\mu_{12})L_1}{\theta_1(1-\mu_{12}\mu_{21})}, \dfrac{(1-\mu_{21})L_2}{\theta_2(1-\mu_{12}\mu_{21})}\right)$ 为鞍点。图 7.4（d）中，以 OS 曲线为界，在 OS 曲线右侧，国有企业绿色技术创新对私有企业的影响大于私有企业自身的绿色技术创新决策。因此，随着时间 t 的变动，私有企业的绿色技术创新趋向于点 $\left(\dfrac{L_1}{\mu_{21}\theta_1}, 0\right)$；而在 OS 曲线左侧，私有企业的绿色技术创新对国有企业的影响高于国有企业自身的作用。因此，国有企业的绿色技术创新更加趋向于点 $\left(0, \dfrac{L_2}{\mu_{12}\theta_2}\right)$。

当 $\mu_{12} = 1$ 且 $\mu_{21} = 1$ 时，国有企业与私有企业绿色技术创新的直线重合，直线上任何一个点都可能是均衡点，具体取决于采矿权配置时的初始技术水平、采矿权安全系数以及其他相关因素。

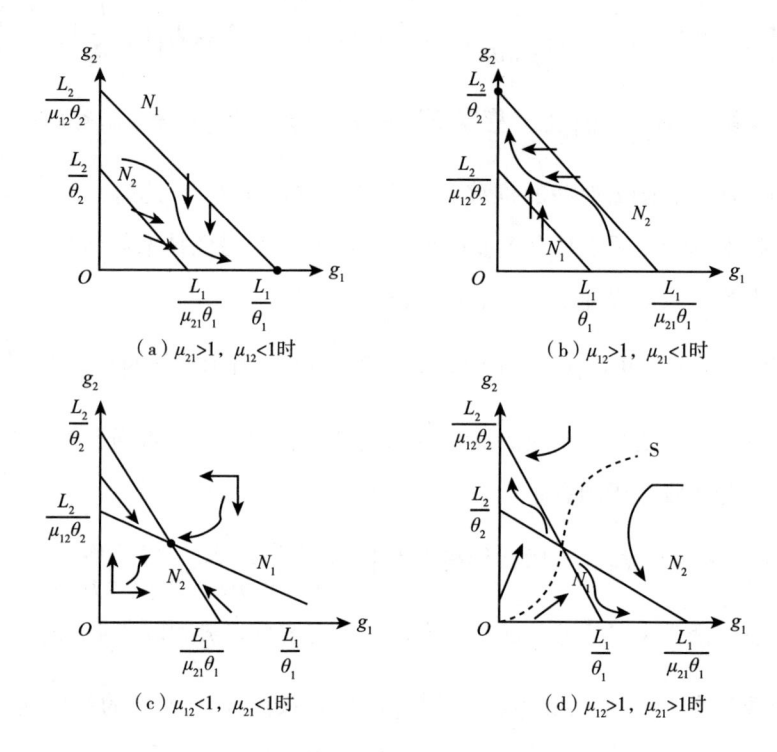

图7.4 不同稳定条件下绿色技术创新的动态演化

7.4 仿真模拟分析

以上内容从理论模型上分析了采矿权安全性对采矿企业绿色技术创新的影响机制，接下来本章将采用MATLAB R2019b对两个模型进行数值模拟。

7.4.1 演化博弈模型仿真模拟

假设初始状态时，政府规制策略的选择与企业研发决策的概率均为0.5，

第7章
采矿权安全性对企业绿色技术创新的影响研究

横轴表示时间 t，为模拟周期；纵轴表示政府选择规制策略和企业研发策略的概率，演化范围在 $[0,1]$ 之间。

由式（7-4）、式（7-8）可知，政府规制与研发补贴 S、规制成本 C_e 有关，而影响企业绿色技术创新的因素还包括采矿权安全系 θ、研发成本 C 以及矿业权使用成本 C_p。采矿权的使用成本与矿山规模有关，不受其他因素的影响，因此假设采矿权使用成本为固定常数，$C_p = 0.1$。其他影响因素之间存在相关关系，一方面，企业研发投入与采矿权安全性相关，采矿权越安全，企业开展绿色技术创新的积极性越高，研发投入越多，此时企业获得的研发补贴也越多；另一方面，由于绿色技术创新的外部性与技术溢出效应，即使企业不开展绿色技术创新，排除政府收回采矿权的情况，长期内企业也具有获得先进绿色技术的可能性。因此，本书分别假设采矿权安全系数 $\theta = 0.2$、$\theta = 0.5$、$\theta = 0.8$，代表三种安全等级，即低安全、中等安全和高安全。每一种安全等级下分别设置不同水平的研发投入。

（1）采矿权低安全情形（$\theta = 0.2$）

由图 7.5 可以发现，当采矿权很不安全时，采矿企业的绿色技术创新行为差异很大。研发投入水平 $C = 0.2$ 时，企业选择绿色技术创新的概率迅速降低，演化策略最终稳定在 $y = 0$ 的非绿色技术创新策略上。而政府采取规制策略的可能性则不断提高，演化策略稳定在 $x = 1$。当从 $C = 0.5$ 时，企业选择绿色技术创新的概率呈现下降趋势，但始终大于 0.2，说明采矿权丧失的风险激励企业开展绿色技术创新，而随着研发周期的不断增长和研发投入的增加，企业研发的动力不断降低。当 $C = 0.8$ 时，采矿权不安全对企业技术创新的激励作用更加明显。虽然在演化初期企业研发概率有所下降，但长期来看，企业选择绿色技术创新的可能性不断提高，概率始终高于 0.5，甚至超过 0.8。与此相对应，政府规制策略则呈现平缓的倒"U"形，说明采矿权的不安全性对企业技术创新的倒逼作用已经足以实现政府规制目标，政府采用环境规制手段的概率较低。

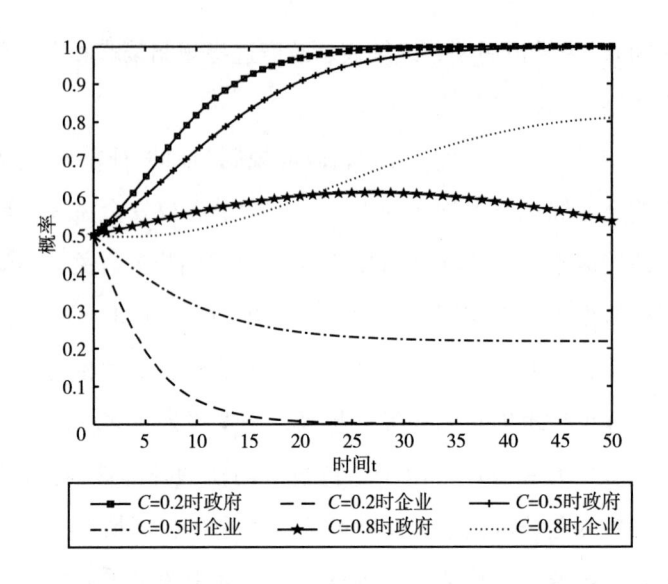

图 7.5　采矿权低安全情形时不同研发投入水平的博弈策略演化轨迹

(2) 采矿权中等安全情形（$\theta = 0.5$）

图 7.6 显示，研发投入 $C = 0.2$ 和 $C = 0.5$ 时，企业绿色技术创新的演化稳定策略均为 $y = 0$，研发投入与演化周期正相关，即研发投入较高时，演化周期相对较长。此时，政府规制策略也逐渐达到演化稳定策略 $x = 1$。这

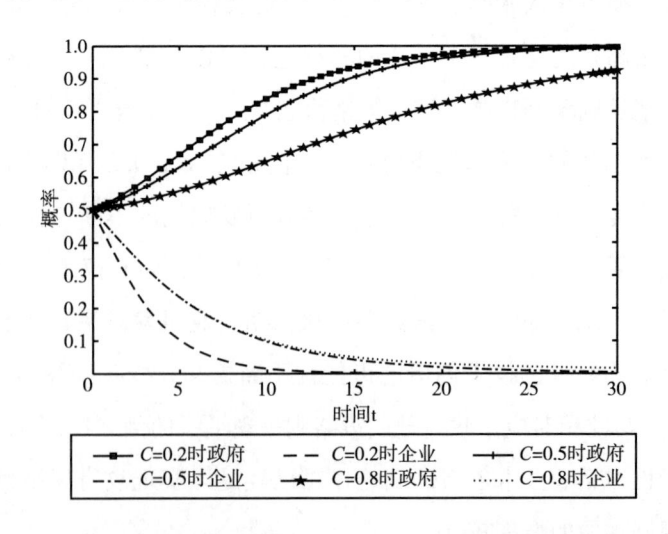

图 7.6　采矿权中等安全情形时不同研发投入水平的博弈策略演化轨迹

说明采矿权安全性对企业绿色技术创新的激励不断降低,政府需要以规制达到环境目标,因此政府行为稳定在规制策略,而企业最终稳定在不研发状态。当研发投入 $C=0.8$ 时,在演化周期内企业绿色创新不存在稳定策略,而政府采取规制策略的概率不断上升,没有形成演化稳定均衡。

(3) 采矿权高安全情形 ($\theta=0.8$)

从图 7.7 中可见,当研发投入为 0.5 时,短期内企业开展绿色技术创新的概率最高,研发周期也高于其他情况。这说明当采矿权安全性较高时,研发成本较低或较高,都不足以激励企业开展绿色技术创新,这是因为企业对于不开展绿色技术创新所要付出的成本预期较低,即使考虑政府规制成本,也远低于采矿权带来的收益。此时,政府规制与企业的研发投入呈现负相关,即研发投入越低,政府采取规制措施的概率越大,并且政府在长期内具有严格规制的倾向。企业研发投入在 0.2 和 0.5 水平时,政府采取规制措施的概率基本一致,但当企业研发投入较高时,政府采取规制措施的可能性相对较小。综合来看,不管研发投入高还是低,企业演化周期均较短,最终均稳定在 $y=0$;而政府规制策略的演化周期则较长,很难达到稳定均衡。

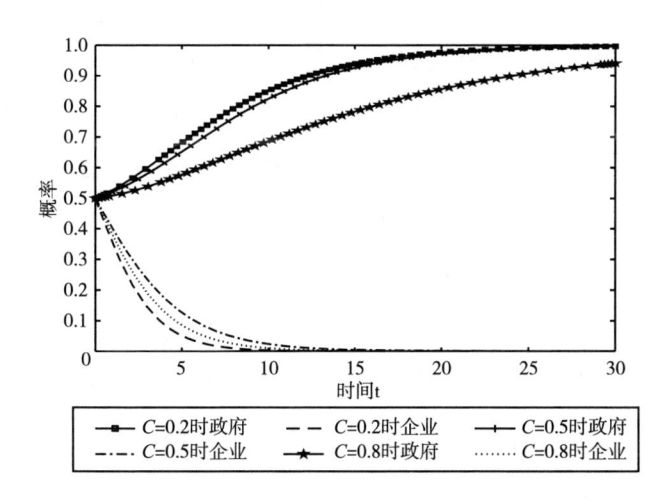

图 7.7 采矿权高安全情形时不同研发投入水平的博弈策略演化轨迹

7.4.2　L-V模型的仿真模拟

本书以2019年中国自然资源部采矿权"招拍挂"公示的数据为基础，对采矿权市场的国有矿权与私有矿权[①]演化轨迹进行模拟分析。

由于国有企业和私有企业在同一采矿权市场上，假设两者的采矿权安全系数相同，因此有 $\theta_1 = \theta_2$。大型矿权的采矿许可年限大于20年，安全性相对较高，设 $\theta_1 = \theta_2 = 0.8$；中型矿权一般为中等风险，设 $\theta_1 = \theta_2 = 0.5$；小型矿权的年限较短，生产规模较小，技术研发的能力与动力较小，安全性较低，设 $\theta_1 = \theta_2 = 0.2$。

（1）技术创新增长率 τ 对企业绿色技术创新的影响

假设私有企业与国有企业之间绿色技术创新的技术影响因子相同，假设 μ_{12} 与 μ_{21} 均小于1，为 $\mu_{12} = \mu_{21} = 0.4$，此时模拟国有企业和私有企业的技术创新增长率不同取值时，对不同矿权规模的两类企业绿色技术创新演化轨迹的影响。类型1、类别2、类别3分别表示 $\tau_1 > \tau_2$，$\tau_1 = \tau_2$，$\tau_1 < \tau_2$ 时，私有企业与国有企业的演化轨迹。由图7.8（a）、图7.8（b）和图7.8（c）分别表示 τ 对大型矿权、中型矿权和小型矿权的影响轨迹。对比发现，在其他条件不变情况下，两类企业的绿色技术创新增长率 τ 对演化轨迹的影响趋势是一致的，私有企业中选择绿色技术创新的企业数量均快速上升，后趋于均衡，不受矿权数量和矿权规模的影响。当 $\tau_1 > \tau_2$，即私有企业技术创新增长率高于国有企业创新增长率时，私有企业在短期内具有绿色技术创新的内在激励，而此时，国有企业的绿色技术创新处于缓慢增长状态，并逐渐形成演化均衡。随着 τ_1 降低，τ_2 增大，私有企业开展绿色技术创新的数量降低，而国有企业的绿色技术创新数量增加，说明绿色技术创新增长率是促进采矿企

[①] 采矿权在所有制结构上可以划分为国有矿权、私有矿权、集体矿权和外资矿权等。由于集体矿权具有集体所有制特性，与国有矿权类似，因此将集体矿权并入国有矿权。而在矿产资源采矿市场中，外资矿权较少，且以投资私有矿权为主，因此本书将外资矿权并入私有矿权。

业开展绿色技术创新的内在驱动因素，技术创新增长率越大，企业对绿色研发投入的预期收益越高，绿色技术创新的意愿越强。

(a) τ系数对大型矿权的影响

(b) τ系数对中型矿权的影响

(c) τ系数对小型矿权的影响

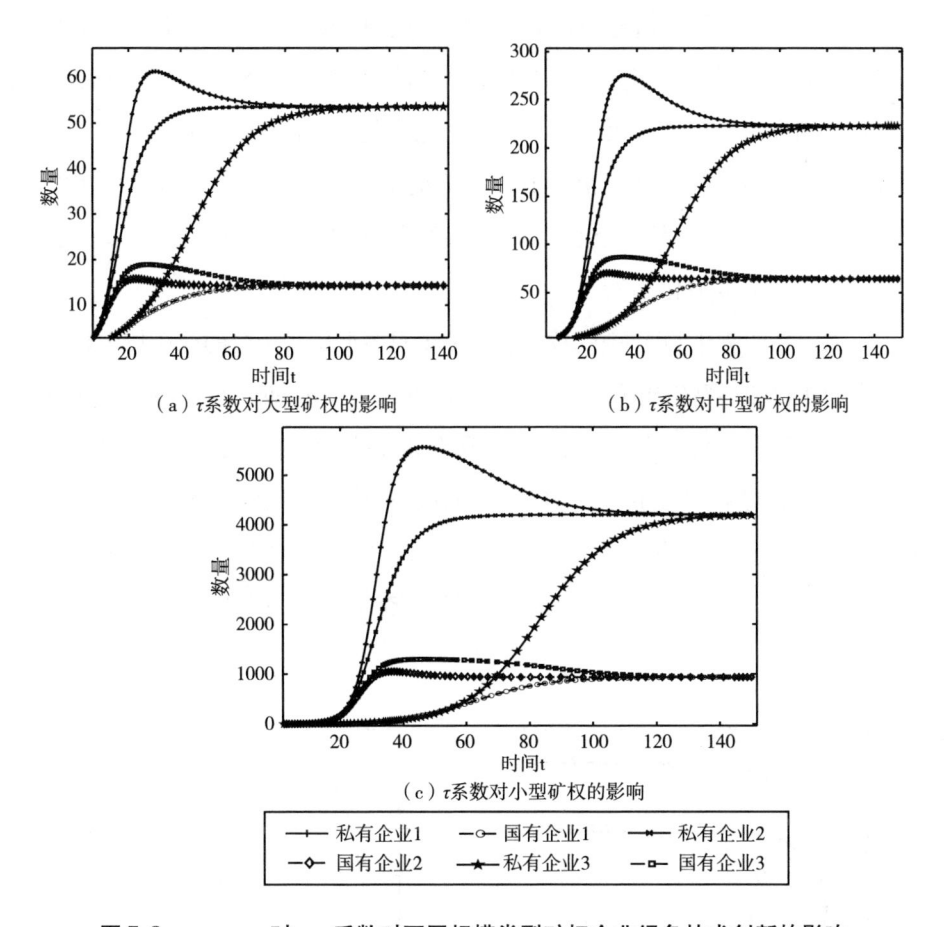

图7.8　$\mu_{12} = \mu_{21}$时，τ系数对不同规模类型矿权企业绿色技术创新的影响

(2) 技术影响因子μ对绿色技术创新的影响

下面分别模拟技术影响因子在$\mu_{12} > \mu_{21}$，$\mu_{12} = \mu_{21}$和$\mu_{12} < \mu_{21}$时，三种规模矿权下私有企业与国有企业的绿色技术创新演化轨迹。假设$\tau_1 = \tau_2$，分别以类型1、2、3表示技术影响因子的不同取值情形。对比图7.9（a）、图7.9（b）和图7.9（c），在其他条件不变的情况下，技术影响因子对大型矿权企业和小型矿权企业绿色技术创新的影响趋势是一致的，私有矿权企业的

绿色技术创新始终大于国有矿权企业的绿色技术创新。在图7.9（a）和图7.9（c）中，私有企业的绿色技术创新始终大于国有企业的绿色技术创新。当$\mu_{12} > \mu_{21}$时，即国有企业对私有企业的绿色技术创新影响大于私有企业对国有企业的影响时，私有企业的绿色技术创新由增长状态进入演化均衡，而国有企业则在短暂的增长后，以下降状态趋向均衡；随着μ_{12}减小，μ_{21}增大，国有企业的创新增长速度更快，下降趋势更小，而私有企业创新增长速度降低；当$\mu_{12} < \mu_{21}$时，私有企业的绿色技术创新水平迅速降低，并在较低水平上与国有企业形成演化均衡。

然而，在图7.9（b）中，技术影响因子对中型矿权企业的绿色技术创新影响与大型矿权和小型矿权不同。当$\mu_{12} > \mu_{21}$和$\mu_{12} < \mu_{21}$时，国有企业的绿色技术创新高于私有企业，并且国有企业对私有企业的影响越小时（即$\mu_{12} < \mu_{21}$），国有企业的绿色技术创新水平越高。当$\mu_{12} = \mu_{21}$时，国有企业的绿色技术创新水平最低，而私有企业最高。这说明，当采矿权安全性中等时，受私有企业研发的影响，国有企业的创新资源获取能力更强，创新积极性也更高。

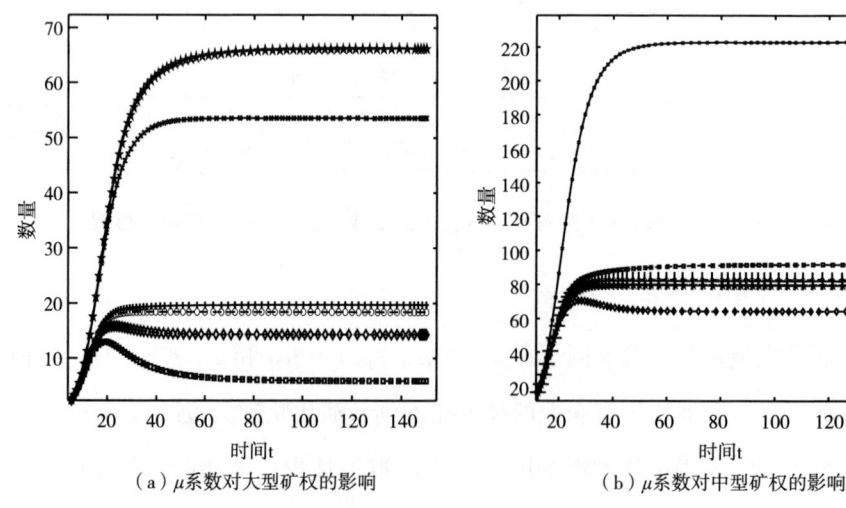

（a）μ系数对大型矿权的影响

（b）μ系数对中型矿权的影响

(c) μ 系数对小型矿权的影响

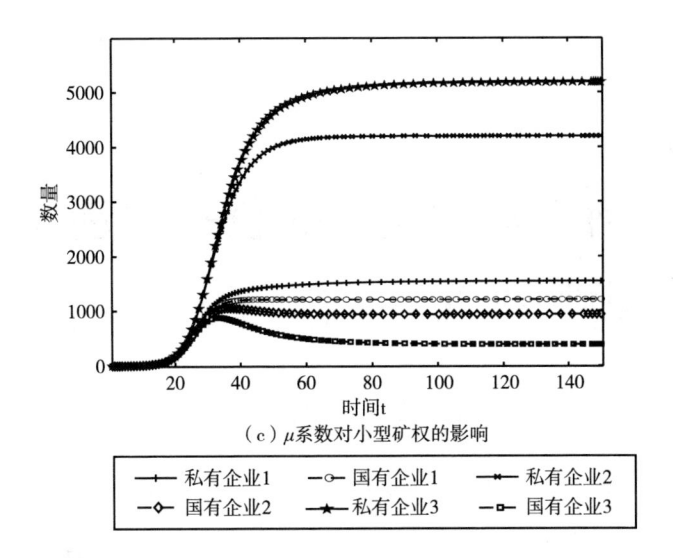

—★— 私有企业1 —○— 国有企业1 —※— 私有企业2
—◇— 国有企业2 —★— 私有企业3 —□— 国有企业3

图 7.9 $\tau_1 = \tau_2$ 时，μ 系数对不同规模类型矿权企业绿色技术创新的影响

7.5 本章小结

本章通过对采矿权安全性对绿色技术创新影响的演化博弈分析发现，当采矿权安全性较低时，对绿色技术创新具有激励作用，但激励的大小受到研发周期与研发成本的影响，与研发周期和研发成本成反比；而当采矿权安全性较高时，政府需要采取环境规制手段影响采矿企业绿色技术创新的预期，并促进绿色技术创新。如果考虑采矿权有效期的长短，即采矿权规模，中型矿权中国有矿权企业的创新能力与创新积极性高于私有矿权企业，但是在大型矿权和小型矿权中不具备这一影响，这一研究是在第 6 章研究基础上的拓展，深化了第 6 章的结论。

第 8 章
环境规制工具对企业绿色技术创新偏好的影响研究

　　第 6 章和第 7 章均在矿业权配置对绿色技术创新的研究中纳入了环境规制的作用，不仅考虑矿业权规制与环境规制的叠加作用，也说明环境规制在资源型产业绿色技术创新中有不可忽视的作用。但是，前面均是将环境规制作为控制变量或影响因素予以研究，没有针对环境规制的深入分析。接下来，本章将从污染减排与治理的不同阶段入手，研究不同类型环境规制工具对绿色技术创新的偏向性影响。

　　在环境污染给中国带来较为严重的经济损失背景下，中国政府采用了各种环境规制工具试图解决生态污染问题。然而，不同的环境规制工具对企业污染治理成本以及绿色技术创新的影响存在较大异质性。因此，依靠环境规制提升污染治理效率、推动绿色技术创新的关键在于环境规制工具的选择（郭进，2019）。然而，不同种类的环境规制工具对企业污染治理成本与投入，以及绿色技术创新的影响是不同的，必然会产生不同的环境治理结果。环境规制一般可以分为市场型环境规制和命令控制型环境规制，市场型环境规制又可以分为价格型与数量型（Wenders，1975）。其中，排污税、可交易的排放许可证等价格型规制工具通过影响边际污染成本对企业污染排放产生影响，而环境标准则通过控制污染排放数量实现对环境质量的控制。一般而言，市场型环境规制更强调规制过程中的灵活性，比如排污税、排污治理补贴与可交易排污权等，这类规制工具更注重环境目标的最终实现，而不管企业在污染控制过程中是实施先污染再治理的末端治理思路，还是以技术创新为抓手从源头降低污染排放；命令控制型环境规制则通过政府直接干预，迫使企业提高技术标准，增加污染防治设备引进和末端治理费用等以达到防治目标（张倩，2018），比如清洁生产审核制度、"三同时"制度以及环保罚款等。

对于企业而言，污染治理成本与污染治理产出是必须考虑的关键问题。环境规制内部化企业污染的负外部性成本，这改变了企业成本结构，进而影响企业的创新选择（张红凤等，2009；罗能生等，2019）。环境规制激励（或倒逼）企业推进生产技术创新和治污技术研发，降低污染物排放强度，实现企业成本最小化和环境保护的双重目标。一般而言，缓解环境污染的方式有两种，一种是污染物的末端治理，即在污染物最终排放之前，采取各种措施降低污染物浓度或总量，以污染物达标排放为目的；另一种是源头控制，即在生产过程中减少能源使用或提高能源使用效率，从而降低污染物的产生率。通常而言，污染治理与减排在短期内很难直接产生经济收益，长期收益也具有较大的不确定性。即使污染治理能够带来收益，企业仍然要考虑污染治理投入和污染治理收益，追求以最少的投入，实现最高的污染治理产出水平（郑石明、罗凯方，2017）。因此，在政府环境规制下，只有当企业污染治理产生的收益大于企业不治理污染而产生的排污成本时，企业才会选择开展污染治理（张璐、王崇，2018）。一旦政府规制对企业成本的增加超出了企业能够承受的水平，企业就不会采取污染治理措施，甚至直接停产以降低损失。

由此可见，不同的环境规制工具因其自身特性会对企业污染治理成本产生不同程度的影响，并进而作用于企业对污染治理方式的选择。那么，环境规制工具是如何对企业污染治理偏好产生影响呢？在此过程中，企业的绿色技术创新又是如何受到规制工具的影响？哪些因素会影响企业的行为选择呢？现有研究大多聚焦环境规制对绿色技术创新的激励作用，以及环境规制与污染排放绩效和经济绩效的关系，较少研究聚焦于上述问题，而对这些问题的回答有利于厘清不同环境规制工具对污染减排作用的差异性，以及对绿色技术创新投资的作用机制，具有提高政府环境规制工具可操作性、实现污染减排目标和促进绿色技术进步的现实意义。

8.1 理论模型

在环境规制压力下，企业污染治理方式的选择与绿色技术创新行为受各种因素影响。迪茨和米凯利斯（Dietz and Michaelis，2004）认为，环境规制带来的污染控制创新与企业成本结构和技术进步程度有关。然而，他们的研究并没有涉及企业污染治理方式的选择和绿色技术创新投资偏好。本书在其研究假设的基础上，分析不同情境下数量型环境规制与价格型环境规制对企业污染治理方式和绿色技术创新偏好影响的异质性与偏向性。

8.1.1 基准模型

假设在竞争性行业中存在很多企业，所有企业在生产产品的同时排放具有同质性的污染物。代表性企业产出水平为 q，市场价格为 p，生产成本 $c_1(q)$ 为连续的，且有 $c_1(q)' > 0$。

假设产出与污染物产生量之间具有线性关系，ε 为单位产出的污染产生率。假设污染治理量为 v，则最终污染排放量为 $e = \varepsilon q - v$。污染治理成本与污染治理量有关，设为 $c_2(v)$，为连续增函数，即 $c_2(v)' > 0$。同时，本书的竞争性行业不包括专业的污染治理企业，短期内不存在污染治理的规模经济性。假设随着污染治理量的增加，污染治理难度不断上升，单位污染治理的投入不断增加，包括技术升级或者设施改进等投入，有 $c_2(v)'' > 0$。

在没有政府规制下，企业不会开展污染治理，即 $v=0$，污染排放量 e 达到最大值。当政府采取环境规制时，要求降污减排，企业需要开展污染治理以达到规制要求。政府有两种环境规制工具：第一，环境税，即对每单位污染排放物征税，税率为 t；第二，实行总量控制，即污染物的排放总量小于或等于政府允许的排放总量。为简化计算，本书假设实施总量控制时，按照排放总量等于政府允许的排放总量计算。

假设在两种环境规制工具影响下，企业可以通过利润最大化将污染量调整到相同的水平 $e_n(\bar{\varepsilon} \leq \varepsilon, t > 0)$，并且规制后仍然存在至少一个边际单位的污染物存在，即 $e_n > 0$。

在总量控制下，如果产出水平不变，政府将总的污染排放量分解到各企业后，可以理解为每家企业污染排放量不得超过单位产出的 $\bar{\varepsilon}$，因此有 $\bar{\varepsilon} \leq \varepsilon$，减排量为 $v = \varepsilon q - \bar{\varepsilon} q$。如果污染产生系数不变，则减排量为 $v = \varepsilon q - e_n$。

如前所述，在环境规制下，企业可以选择的污染减排方式有两种，即源头控制和末端治理。其中，源头控制既可以降低产出，也可以提高生产技术水平，以减少污染物产生总量；而末端控制则是采用治污技术或治污设施开展污染治理。也因此，本书的绿色技术创新包括两种类型，一种是绿色生产技术，即在生产过程中降低污染物的技术；另一种是末端治理技术，即降低污染治理成本或提高污染治理效率的技术。

8.1.2 环境规制工具对产出的影响

在不考虑存在绿色技术创新的情形下，通过企业利润最大化来分析不同环境规制工具对产出的影响。

在排放总量控制下，企业选择产量来使利润最大化，即：

$$\pi_s = pq - c_1[q] - c_2[v]$$
$$s.t. \, v = q(\varepsilon - \bar{\varepsilon}) \tag{8-1}$$

构建拉格朗日函数，一阶条件为：

$$p = c_1'[q_s^*] + (\varepsilon - \bar{\varepsilon})c_2'[v_s^*] \tag{8-2}$$

征收环境税情况下,企业选择产量来使利润最大化,即:

$$\pi_t = pq - c_1[q] - c_2[v] - t(\varepsilon q - e_n - v)$$
$$s.t. \ \varepsilon q - e_n - v \geq 0 \tag{8-3}$$

构建拉格朗日函数,利润最大化的最优条件为:

$$p = c_1'[q_t^*] + \varepsilon c_2'[v_t^*] \tag{8-4}$$

由环境税情况下的利润最大化公式(8-3),能够得到环境税率与企业污染治理边际成本的关系,即 $c_2'[v_t^*] = t$。

通过对比两种规制方式下的利润最大化条件式(8-2)和式(8-4),可以发现,$c_1'[q_t^*] < c_1'[q_s^*]$,由于产出的边际成本和污染治理的边际成本是递增的,有 $q_s^* > q_t^*$,即实施总量控制标准下的产出大于征收环境税时的产出。在两种规制工具的影响下,企业均可以通过调整产量水平达到政府规制要求 e_n。此时,实施总量控制时的污染产生量为 εq_s^*,征收环境税时的污染产生量为 εq_t^*,$\varepsilon q_s^* > \varepsilon q_t^*$。为了达到同等的政府减排要求,总量控制时企业的污染治理量相较于环境税时的污染治理量更高,即 $v_s^* > v_t^*$,因此,也需要付出更多的污染治理成本。

完全竞争条件下,企业利润最大化与成本最小化等价。在既定产出为 q_s^* 和 q_t^*、污染治理量为 v_s^* 和 v_t^* 的条件下,企业追求成本最小化。假设生产与污染治理的投入要素相同,总投入不变,生产成本与环境治理成本具有替代性,二者的边际替代率递减。

图8.1展示了总量控制与环境税通过影响企业产出,作用于污染治理方式选择的过程。总量控制下的产出水平大于环境税时的产出水平,此时,由于单位产出不变,污染产生量与产出水平呈线性相关,总量控制下污染产生量大于环境税时的污染产生量。为了达到政府规制要求,两种规制工具影响下的污染治理量有 $v_s^* > v_t^*$[见图8.1(a)]。由于污染治理的边际成本是递增

的，总量控制时污染治理的边际成本高于环境税时的污染治理边际成本［见图 8.1（b）］，因此，可以得到 $c_2(v_s^*) > c_2(v_t^*)$，即总量控制时污染治理总成本大于环境税时污染治理总成本。在政府相同的污染减排要求下，总量控制需要降低产出规模，以减少生产过程中污染物的产生量，或者通过绿色技术创新，在不改变产出规模的基础上降低污染产生率和污染治理总成本。而在征收环境税时，则需要增加产出以获得较高的产出收益，同时，增加污染治理投入，以通过污染的末端治理实现减排［见图 8.1（c）］。

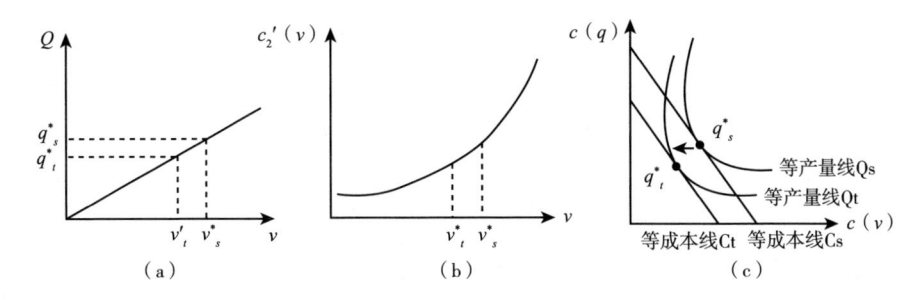

图 8.1 不同规制工具的产出结果对比

8.1.3 环境规制工具对绿色技术创新的影响

（1）末端治理技术

污染末端治理技术改变污染治理的边际成本，在环境税情形下，最优边际治理成本为 $c_2'(v_t^*) = t$。因此，两种不同规制情形下的影响结果与环境规制对产出的影响结果相同。

（2）绿色生产技术

由于政府的减排要求是相同的，假设在不同规制工具下，企业研发成本与技术进步水平之间的关系相同，即 $c(\tau)' > 0$，$c(\tau)'' > 0$，研发成本不会对两种规制工具下的利润产生差异化影响。因此，本书假设这种技术已经存在，并且不改变生产成本，仅改变污染产生系数。但是，对污染产生系数的改变因技术创新程度又可以分为确定的和不确定的。为了衡量技术进步程度，本书引入技术的减排系数 τ，有 $\tau \in [0,1]$，假设减排系数越大，技术进步程度越大，单位产出的污染物产生量则越少。此时，污染产生系数为 $(1-\tau)\varepsilon$。

在排放的总量控制下，政府要求最高污染排放系数为 $\bar{\varepsilon}$。如果创新后技术水平使得污染排放 $(1-\tau)\varepsilon \leq \bar{\varepsilon}$，那么企业不需要付出额外的污染治理成本即可达到规制要求；反之，则企业需要同时开展减排技术创新与污染治理。此时，企业利润函数为：

$$\pi_s(\tau) = \begin{cases} pq - c_1[q] - c_2[v] & \text{if } \tau < \dfrac{\varepsilon - \bar{\varepsilon}}{\varepsilon} \\ pq - c_2[q] & \text{if } \tau \geq \dfrac{\varepsilon - \bar{\varepsilon}}{\varepsilon} \end{cases} \quad (8-5)$$

$$s.t.\ v = (1-\tau)\varepsilon q - \bar{\varepsilon} q$$

在环境税情况下，污染产生系数 $(1-\tau)\varepsilon$ 受技术减排系数 τ 的影响，对企业污染减排行为产生两种不同的结果。本书假设带来两种不同结果之间的技术减排系数临界点为 $\bar{\tau}$。当实际的技术减排系数较小时，假设 $\tau < \bar{\tau}$，污染排放的降低程度不足以达到政府减排要求，此时，企业需要在缴纳环境税与污染治理投入之间作出选择。这时，利润最大化的结果仍然满足环境税率与污染治理的边际成本之间的关系 $c'_2(v_t^*) = t$；而当 $\tau > \bar{\tau}$ 时，污染产生系数的降低程度非常大，此时，技术创新带来的污染排放越少越好。对于给定税率，减少污染排放是有益的。另外，由于不确定技术带来的减排效果是否达到政府规制要求，如果有 $t > c'[v]$，那么，利润函数还应该包括污染治理成本。因此，利润函数为：

$$\pi_t(\tau) = \begin{cases} pq - c_1[q] - c_2[v] - t[(1-\tau)\varepsilon q - v] & \text{if } \tau < \bar{\tau} \\ pq - c_1[q] - c_2[v] & \text{if } \tau \geq \bar{\tau} \end{cases} \quad (8-6)$$

$$s.t.\ v = (1-\tau)\varepsilon q - e$$

此时，两种规制情形下的利润变动与技术进步程度 τ 的大小有关，两种

情形下 τ 变动下的利润增量可以表示为积分形式。

$$\Delta\pi_s(\tau) = \begin{cases} \int_0^\tau c_2'[v]\varepsilon q d\tau & \text{if } \tau < \dfrac{\varepsilon - \bar{\varepsilon}}{\varepsilon} \\ \int_0^{\frac{\varepsilon-\bar{\varepsilon}}{\varepsilon}} c_2'[v]\varepsilon q d\tau & \text{if } \tau \geq \dfrac{\varepsilon - \bar{\varepsilon}}{\varepsilon} \end{cases} \quad (8-7)$$

$$\Delta\pi_t(\tau) = \begin{cases} \int_0^\tau c_2'[v]\varepsilon q d\tau & \text{if } \tau < \bar{\tau} \\ \int_0^\tau c_2'[v]\varepsilon q d\tau & \text{if } \tau \geq \bar{\tau} \end{cases} \quad (8-8)$$

由前面的论述可知，τ 较小时，满足 $t = c_2'[v]$；而 τ 较大时，满足 $t > c_2'[v]$，因此，式（8-8）可以进一步写成如下形式：

$$\Delta\pi_t(\tau) = \begin{cases} \pi_t(\tau < \bar{\tau}) - \pi_t(\tau = 0) = \int_0^\tau c_2'[v]\varepsilon q d\tau = \int_0^\tau t\varepsilon q d\tau & \text{if } \tau < \bar{\tau} \\ \pi_t(\tau \geq \bar{\tau}) - \pi_t(\tau = 0) = \int_{\bar{\alpha}}^\tau c_2'[v]\varepsilon q d\tau + \int_0^\tau t\varepsilon q d\tau & \text{if } \tau \geq \bar{\tau} \end{cases}$$

$$(8-9)$$

由式（8-7）和式（8-9）可以发现，企业利润增量是关于 τ 的递增函数，企业技术创新程度越高，利润增加越多（$\tau \geq \dfrac{\varepsilon - \bar{\varepsilon}}{\varepsilon}$ 时除外，此时利润与 τ 无关），两种环境规制均具有绿色技术创新的激励作用。由式（8-5）和式（8-6）可知，当 $\tau = 1$ 时，利润函数均为 $\pi = pq - c_1[q] - c_2[v]$。如果两种规制方式下污染治理成本相等，那么创新后利润水平相同。但环境税时创新的边际收益大于总量控制时的边际收益，$\Delta\pi_t(\tau=1) > \Delta\pi_s(\tau=1)$，此时，环境税的绿色创新激励大于总量控制。当 τ 趋向于 0 时，总量控制下 $\Delta\pi_s(\tau) = \int_0^\tau c_2'[v_s]\varepsilon q_s d\tau$，环境税下 $\Delta\pi_t(\tau) = \int_0^\tau c_2'[v_t]\varepsilon q_t d\tau$。结合产出结果可知，由于 $\Delta\pi_s(\tau) > \Delta\pi_t(\tau)$，那么总量控制的绿色创新激励大于环境税。由此可见，总量控制与环境税的绿色技术创新激励效应与技术进步对污染产生系数的改变程度有直接关系。当技术进步对污染产生系数的改变程度较小时，总量控制的绿色创新激励高于环境税；当技术进步对污染产生系数的改变程度较大时，则恰恰相反，环境税的绿色创新激励性较高。

综合以上分析，在两种环境规制工具影响下，利润变化是技术进步程度的函数，即 $\Delta\pi(\tau)$，由 $\Delta\pi$ 关于 τ 的单调性和连续性可知，至少存在一个 τ^* 使得 $\Delta\pi_s(\tau^*) = \Delta\pi_t(\tau^*)$。当技术进步程度较小时，其对污染排放系数的影响较小，此时，总量控制下技术进步对利润的影响较大。当技术进步程度达到 τ^* 时，两种规制工具的绿色技术创新激励相同。随着技术进步水平的提升，技术的污染减排效应递减，总量控制下的绿色技术创新激励低于环境税的绿色技术创新激励（见图 8.2）。从污染治理方式的选择来看，如果绿色技术创新不足以实现政府减排目标，即 $\tau < \dfrac{\varepsilon - \bar{\varepsilon}}{\varepsilon}$ 时，总量控制下企业需要投入更多的污染治理成本；而当技术进步程度较大时，企业不需要付出额外的污染治理成本。然而，企业在研发成本和污染治理成本之间如何选择是不确定的。在环境税下，技术进步程度较高，即 $\tau > \bar{\tau}$ 时，绿色技术创新的减排效果足以达到政府减排目标，而当技术进步程度较小时，企业需要付出额外的治理成本，那么企业在研发成本、治理成本以及缴纳税金之间如何选择同样是不确定的。

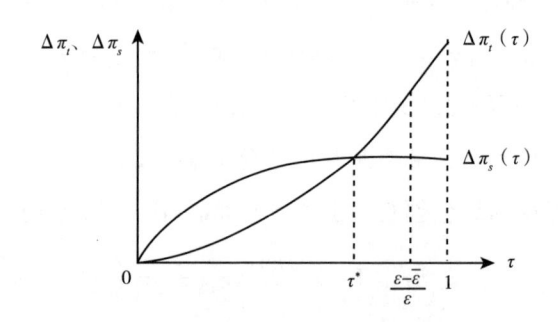

图 8.2 不同环境规制工具的创新激励

8.2 多层次嵌套 logit 模型构建

通过以上理论模型可以发现，技术进步的减排效应不仅与环境规制强度有关，还与企业生产成本和减排成本有关。污染治理方式的选择受到环境规制工具类型、规制强度、研发成本以及治理成本等诸多因素的影响。那么，在政府不同规制影响下，企业到底会如何选择减排方式呢？各种因素对不同减排方式的选择又会产生何种影响呢？本书采用嵌套 logit 模型方法进行深入分析。

8.2.1 logit 模型设定

如果政府的环境规制导致企业需要投入过高的污染治理成本，企业可能选择直接承担环境规制成本。假设政府环境规制目标是既定的，企业 i 有 j 种污染治理方式可以选择，而污染治理方式包含 K_j 个方案，分别以 $j_1, j_2, \cdots, j_k$ 表示，企业 i 选择污染治理方式 j 的 k 治理方案付出的成本为 C_{jk}，定义为：

$$C_{jk} = x'_{jk}\beta + z'_j\gamma_j + w'\delta_{jk} + \varepsilon_{jk} (j=1,2,\cdots,J; k=1,\cdots,K) \quad (8-10)$$

其中，x_{jk} 为企业 i 在污染治理方式 j 中选择第 k 中方案，同时随着污染治理方式和治理方案而改变；而 z_j 表示只随着污染治理方式的选择而改变的企业特征，w 为不随污染治理方式选择而改变的企业特征。根据麦克法登（McFadden, 1978）的假定，扰动项 ε_{jk} 服从广义极值分布，累积分布函数为：

$$F(\varepsilon) = exp[-G(e^{-\varepsilon_{11}}, \cdots, e^{-\varepsilon_{1K_1}}; \cdots; e^{-\varepsilon_{J1}}, \cdots, e^{-\varepsilon_{JK_J}})] \quad (8-11)$$

$$G(w) = G(w_{11}, \cdots w_{1K_1}; \cdots; w_{J1}, \cdots, w_{JK_J}) = \sum_{j=1}^{J} \left(\sum_{k=1}^{K_j} w_{jk}^{1/\tau_j}\right)^{\tau_j} \quad (8-12)$$

$\left(\sum_{k=1}^{K_j} w_{jk}^{1/\tau_j}\right)^{\tau_j}$ 即为不变替代弹性函数。

基于以上假设，企业选择污染治理方式 j 的污染治理方案 k 的概率为：

$$p_{jk} = p_j \times p_{k/j} = \frac{exp(z_j'\gamma + \tau_j I_j)}{\sum_{m=1}^{J} exp(z_m'\gamma + \tau_m I_m)} \times \frac{exp(x_{jk}'\beta_j/\tau_j)}{\sum_{l=1}^{K_j} exp(x_{jl}'\beta_j/\tau_j)} \quad (8-13)$$

其中，p_j 为选择污染治理方案 j 的概率，$p_{k/j}$ 为选择污染治理方式 j 的情况下选择污染治理方案 k 的条件概率；I_j 为整个样本的对数和，即：

$$I_j = ln \sum_{l=1}^{K_j} exp(\frac{x_{jl}'\beta_j}{\tau_j}) \quad (8-14)$$

8.2.2 污染治理决策指标界定

在政府环境规制强度、生产规模等因素的影响下，企业具有污染治理方式的选择偏好。企业 i 选择 j 种污染治理方式，是因为方式 j 不仅能够达到政府环境规制要求，还能够达到成本最小化目标，获得相较于其他治理方式 j_{-1} 更高的收益或付出更少的机会成本。比如，可能是总成本的降低，生产设施的短期较少投入，或者技术水平提高而带来的长期收益。因此，本书构建的企业污染治理方式选择的嵌套决策树（见图8.3），共有三个层次。

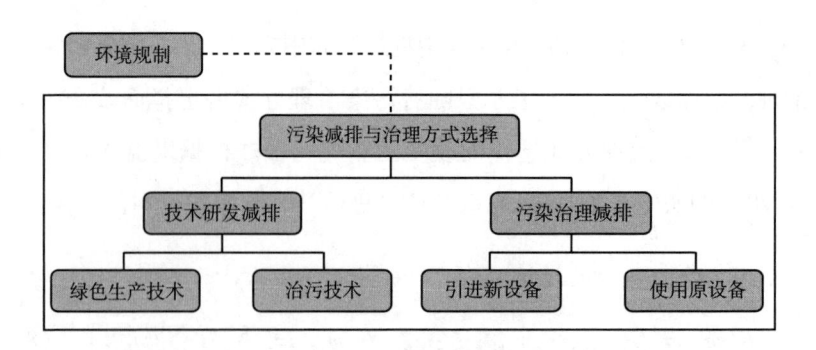

图 8.3　企业污染治理方式选择决策树

如图 8.3 所示，接下来从污染治理方式选择开始，从上往下分别定义企业污染治理方式的决策指标。

第8章
环境规制工具对企业绿色技术创新偏好的影响研究

第一层次,即在政府环境规制压力下,企业到底应该直接承担政府环境规制成本,还是通过研发或设备投资于治污减排以达到规制要求,这与污染排放成本和污染治理成本有关。基于成本最小化目标,在污染排放量既定情况下,如果污染排放成本高于污染治理成本,那么企业倾向于选择技术减排或设施治污,反之,则会选择直接遵循环境规制成本。因此,本书定义了一个污染治理方式选择偏向指数,即 PCBI(pollution control bias index),与企业总污染排放量和污染治理量有关,即 $PCBI = TPEC/TPCC$,其中,TPEC 为污染排放成本(pollution emission cost),即污染排放当量×污染税率;TPCC 为污染治理成本(pollution control cost)。由于当企业选择进行污染治理时,技术研发与治污设备的选择仍然存在偏向性,因此,TPCC 为污染治理相关成本与技术研发成本中较小的部分。

$$Y_{pcbi} = \begin{cases} 1 & \text{if } PCBI < 1; 承担污染排放成本 \\ 0 & \text{if } PCBI > 1; 承担污染治理成本 \end{cases}$$

第二层次,企业选择以技术研发或设备投资用于污染治理后,在二者之间再次作出选择,选择依据仍然是成本最小化,即在污染排放量既定的情况下,当单位污染治理量的技术研发成本大于单位污染治理量的设施运行成本时,选择采用污染治理设施,以末端治理来降低污染排放量;当技术研发成本小于设施治理成本时,采用技术研发降低污染。具体地,定义污染减排投资偏好指数(investment preference index,IPI),$IPI = UPR/EPCF$。其中,UPR 为研发投入的污染治理弹性(elasticity of pollution control innovation),即研发投入每增加1%,带来的污染排放当量的减少程度,用污染排放变化率/研发投入变化率表示;EPCF 为治污设施的污染治理弹性(elasticity of pollution control facility),用污染治理量变化率/污染治理设施投资变化率表示。

$$Y_{ipi} = \begin{cases} 1 & \text{if } IPI < 1; 污染治理减排 \\ 0 & \text{if } IPI > 1; 技术研发减排 \end{cases}$$

第三层次,涉及两个选择。

选择一：当企业更倾向于以绿色技术创新降低污染物排放时，可以选择从污染物生产源头控制污染排放，即生产技术创新；或者通过污染治理技术的升级，提高污染治理效率。因此，这里定义该层次的第一组变量，即绿色技术创新偏向指数（green technology bias index，GTBI），$GTBI = CPT/PCT$。借鉴梁劲锐等（2018）的做法，从技术创新的应用结果考虑该指数的构建。一般而言，研发投入越高，技术水平越高，单位产值的污染物产生量越低，意味着一定产出水平的能源消耗量也越低；同理，单位污染治理成本也越低。因此，绿色技术创新水平（clean production technology，CPT）是一个弹性概念，用研发投入的万元产值能源消耗弹性表示，即万元产值能源消耗变化率/研发投入变化率；污染治理技术创新（pollution control technology，PCT）用污染治理量变化率/研发投入变化率表示。因此有：

$$Ygtbi = \begin{cases} 1 & \text{if } GTBI < 1; \text{选择治污技术研发} \\ 0 & \text{if } GTBI > 1; \text{选择绿色生产技术} \end{cases}$$

选择二：当企业更倾向于选择投资于污染治理设施时，同样有两种选择，即增加更为先进的新型污染治理设备，或者保持现有污染治理设备，包括购买或延长设备运行时间。那么，在现有既定成本基础上，企业既可能购买新型污染治理设备，也可能维持原设备。如果污染治理设施的处理能力增长率高于污染治理设施的增长率，则说明企业更新了污染治理设施，反之，则说明企业在维持原有设备的使用。因此，本书定义了污染治理设施选择的偏向指数（facility bias index，FBI），$FBI = PCF/TCF$。

$$Yfbi = \begin{cases} 1 & \text{if } FBI < 1; \text{引进新设备} \\ 0 & \text{if } FBI > 1; \text{使用原设备} \end{cases}$$

一般而言，治污设备的技术水平越高，对污染物的处理能力也越强，污染治理设施的处理能力增长也越快。污染治理设施处理能力的增长率（treatment capacity of pollution control facility，TCF）用工业废气治理能力增长率和工业废水治理能力增长率加权求和表示；污染治理设施增长率（pollution control facility，PCF）用工业废气治理设施增长率和工业废水治理设施增长率加权求和表示（见表 8.1）。

表 8.1　　　　　　　　　偏向指数定义与取值

决策层级	指标名称	偏向指数取值	污染减排与治理方式
第一层次	污染治理方式选择偏向指数	$Y_{pcbi}=1$	遵循规制成本
		$Y_{pcbi}=0$	承担污染治理成本
第二层次	污染减排投资偏好指数	$Y_{ipi}=1$	污染治理减排
		$Y_{ipi}=0$	技术研发减排
第三层次	绿色技术创新偏向指数	$Y_{gtbi}=1$	治污技术
		$Y_{gtbi}=0$	绿色生产技术
第三层次	治污设施选择偏向指数	$Y_{fbi}=1$	引进新设备
		$Y_{fbi}=0$	使用原设备

资料来源：笔者整理。

8.3　实证结果分析

本书选用《中国工业企业数据库》和《工业污染整合数据库》中的企业数据，分别对环境规制工具对污染治理方式选择的影响、不同污染治理方式的选择对企业应对政府环境规制决策的作用以及污染治理方式选择的影响因素等问题，对上述理论模型的结论进行检验。

8.3.1　变量说明与数据来源

（1）主要变量说明

中国的排污费与环境税均以污染排放量为基础，属于较为典型的价格型环境规制工具。由于环境税征收时间较短，数据不完整，并且与规制成本的计算存在共线性问题。因此，本书以"排污费"作为价格型环境规制工具变量。数量型规制的主要目的是对污染排放进行事前控制，从源头降低污染物产生，主要包括总量控制和可交易排污权许可证。然而，目前中国仅在部分行业进行了试点，尚未形成统一的标准，数据缺乏完整性与普适性。鉴于此，本书采用"产能闲置率"作为数量型规制工具的替代变量，因为企业遵守环境规制的成本会挤占生产投资，并造成生产规模萎缩（韩国高，2018），而产出的下降有利于实现污染的源头控制。即产能闲置率越高，则规制强度越强，反之则亦是。产能闲置率与产能利用率是相对的概念，可以利用产能利用率获得该数据。产能利用率的计算借鉴何蕾（2015）面板协整方法的思想，通过构建产值与资金投入、劳动投入和能源要素的统计关系计算而得。

本书影响因素分析中涉及的主要变量包括：①单位产值污染排放当量：单位产值污染排放量由产值数据与污染排放数据计算而来。具体来说，本书认为由于企业生产不管是其自身生产的全部产品还是对外承接工业品加工，都对企业自身的技术水平、资产投资有一定要求，同时产生的污染排放和相应的治污设备、设施与技术投资均由国内完成，并形成企业治污成本与生产收益。因此，本书产值指标采用工业销售产值。另外，受技术水平影响，不同种类污染物不同，需要将废气、废水、废渣核算为统一的单位，本书将二氧化硫排放量和COD排放量按照《中华人民共和国环境保护税法》附则中的应税污染物和当量值表计算并加总作为污染排放总量。②固定资产投资：采用中国工业企业数据库披露的固定资产投资数额。③劳动力投入：采用企业年末就业人员数指标衡量劳动力投入数量。④研发投资：以项目经费内部支出作为研发投资总额。⑤能源消耗强度：用万元产值能源消耗表示。⑥污染治理投资：工业废水与工业废气处理成本。⑦污染治理量：二氧化硫治理量和COD治理量的总当量值。（8）污染处理设施数，本书主要采用废气处理设施的数量表示。

（2）数据来源

本部分数据主要来源于《中国工业企业数据库》和《工业污染整合数据库》。由于本书主要研究绿色技术创新以及污染治理方式的选择，因此，研发投资、各类污染物排放以及污染物的治理投入与产出等是本部分实证的核心指标，需要对两个数据库进行数据匹配。经过两个数据库的匹配及跨期匹配，以及前面污染治理方式指标的定义中涉及弹性概念和增长率概念，最终匹配与计算后得到 19464 个企业样本。由于数据库涉及行业、企业规模以及企业性质差异较大，故对各变量取对数以缩小差距，得到描述性统计如表8.2 所示。

表 8.2　　　　　　　　变量定义与描述性统计

指标种类	变量	均值	标准差	最小值	最大值
影响因素指标	单位产值排污量	-0.74	2.141	-11.975	9.263
	固定资产投资	9.758	1.737	0.693	17.965
	治污治理投资	10.257	2.483	-1.561	19.838
	劳动力投入	5.503	1.162	0	11.907
	研发投资	-4.441	5.266	-6.908	14.228
	能源消耗强度	-3.118	1.937	-16.317	4.62
	污染治理量	10.697	2.471	-1.204	20.348
	治污设施数	0.761	0.899	0	6.535
环境规制	排污费	9.999	2.056	0.46	17.726
	产能闲置率	-0.598	0.735	-10.342	4.718

数据来源：笔者利用 Stata 软件计算得到。

8.3.2　模型参数估计

本部分内容采用 logit 模型进行广义线性回归分析。由于污染治理方式决策是（0-1）的二值选择模型，结果显示，同一层级内同一类别选择结果的系数值与显著性相同，而系数符号相反。因此，本部分内容仅呈现取值为 0时的结果。

（1）环境规制工具对污染治理方式选择的影响

表 8.3 结果显示，价格型环境规制和数量型环境规制对污染治理方式的影响完全不同。从影响系数来看，排污费对技术研发减排、使用原治污设备以及绿色生产技术研发的影响均显著为负；从比数比来看，排污费影响下，企业选择以技术研发减排的概率是污染治理减排概率的 0.641 倍，而排污费

每增加1个单位,企业都更倾向于购买新的污染治理设备以提高污染物的治理效率,并且企业对绿色生产技术的偏好低于污染治理技术,二者概率之比为0.770。综合来看,排污费更有利于企业选择污染的末端治理,即按照每单位污染排放当量收取的排污费增加了企业对污染物过程控制的成本,而末端治理则更有利于提高企业的污染管理效率。产能闲置率对污染治理方式选择的影响则与价格型规制工具完全相反。综合数据结果可以发现,产能每多闲置一个单位,企业采用技术研发减排的可能性就会增加0.333,维持原有污染治理设备的概率是引进新设备的1.141倍,而开展绿色生产技术创新的概率比研发污染治理技术的概率高0.418倍。这说明数量型环境规制工具更有利于引导企业对环境污染的过程控制,企业更倾向于以技术创新带动生产工艺的绿色化以及污染治理技术的高级化。

表8.3 不同环境规制工具对污染治理方式选择的影响概率

环境规制 工具类型	价格型—排污费		数量型—产能闲置率	
系数/比数比	系数	比数比	系数	比数比
技术研发减排 ($Yipi = 0$)	-0.445 *** (-14.87)	0.641	0.333 *** (5.51)	1.395
使用原设备 ($Yfbi = 0$)	-0.242 *** (-24.13)	0.785	0.132 *** (4.80)	1.141
绿色生产技术 ($Ygtbi = 0$)	-0.261 *** (-11.89)	0.770	0.349 *** (8.24)	1.418

注:*、**、***分别表示在10%、5%和1%的水平下通过显著性检验。括号内为z值。比数比即概率比,是指解释变量每变化1个单位,被解释变量取值为0时相较于取值为1时的概率变动情况。

(2)污染治理决策的选择分析

根据之前的嵌套决策树,在环境规制影响下,企业在多种污染治理方式中进行选择。表8.4实证结果显示,生产技术创新对污染治理决策的影响系数显著为正,说明企业生产技术创新水平越高,企业越倾向于通过污染治理实现规制目标;相比于末端治理技术的创新,企业更倾向于通过绿色生产技术控制污染物产生强度（比数比为1.907）。结合图8.3，污染治理方式决策树的第二层对污染治理方式的选择并没有显著影响，而其他因素对污染治理方式决策的影响却比较显著，影响作用较大。因此，接下来将详细分析污染治理决策的影响因素。

表8.4　　　　　　　　污染治理方式的决策影响概率

污染治理方式选择	系数	比数比	z值
技术研发减排（$Y_{ipi}=0$）	0.376	1.456	0.72
使用原设备（$Y_{fbi}=0$）	−0.025	0.975	−0.14
绿色生产技术（$Y_{gtbi}=0$）	0.645*	1.907	1.80
Constant	3.668***	39.182	8.76
Wald统计量	8.11		
Prob > chi2	0.044		

注：*、**、*** 分别表示在10%、5%和1%的水平下通过显著性检验。比数比即概率比，是指解释变量每变化1个单位，被解释变量取值为0时相较于取值为1时的概率变动情况。

（3）污染治理方式选择的影响因素分析

表8.5展示了多种因素对不同污染治理方式的影响。其中，单位产值的污染排放量对绿色生产技术的影响显著为正，说明企业每生产一单位产品的污染排放强度越高，企业越有可能开展绿色生产技术，以达到污染过程控制的目的，降低政府环境规制带来的压力。研发投资对各种污染治理方式的影响均显著为负，企业研发投资越高，越容易挤占减排技术的投资。在政府环境规制影响下，通过引进新设备，学习新技术，以提高污染治理水平。污染治理投资和污染治理量对绿色生产技术和原有污染治理设备的使用均具有显著影响，但是治污投资的增加更有利于绿色生产技术的提高，而污染治理量越多，反而越不利于绿色生产技术创新。这是由于污染治理量越多，说明企业现有污染治理设备的处理能力越强，企业更倾向于使用原设备应对政府规制，反而没有必要投资于生产工艺的更新与技术研发。从污染治理的设施数来看，污染治理设备越多，说明企业将更多的资金投入污染的末端治理，为

了节约成本，采取污染治理减排的可能性更高，继续投资减排技术研发不符合企业成本最小化的原则。

表8.5 污染治理方式选择模型影响因素实证结果

模型	技术研发减排 系数	技术研发减排 比数比	绿色生产技术 系数	绿色生产技术 比数比	使用原设备 系数	使用原设备 比数比
单位产值排污量	-0.018	0.982	0.116**	1.123	-0.017	0.983
研发投资	-0.229***	0.800	-0.222***	0.801	-0.028***	0.972
固定资产投资	0.053	1.054	0.012	1.012	-0.021	0.979
劳动力投入	0.102	1.108	-0.073	0.930	-0.024	0.996
能源消耗强度	-0.062	0.940	-0.041	0.960	-0.003	0.997
污染治理投资	1.080	2.945	6.025***	413.797	-4.300***	0.014
污染治理量	-1.236	0.290	-6.115***	0.002	4.245***	69.757
治污设施数	-0.276***	0.758	0.016	1.017	-0.037	0.964
Constant	3.940***	51.424	5.645***	282.934	-0.764*	0.466
LR 统计	580.77		1136.67		173.04	
Prob > chi2	0.000		0.000		0.000	
Akaike crit.（AIC）	1401.709		2209.686		5635.780	
Bayesian crit.（BIC）	1458.850		2266.827		5692.921	

注：*、**、*** 分别表示在10%、5%和1%的水平下通过显著性检验。比数比即概率比，是指解释变量每变化1个单位，被解释变量取值为0时相较于取值为1时的概率变动情况。

8.4 采矿企业数据的实证结果分析

与其他产业相比，采矿业具有其特殊性。首先，采矿业是以矿产资源储量为基础的，受资源种类、品位以及地域分布等因素的影响，在一定的技术水平下，采矿企业的开采规模、矿山使用年限以及开采顺序等均受到限制，尽管采矿业具有规模经济性，但是矿产资源开采量是有限的，并不是越多越好。其次，从矿产资源开采流程与污染治理方式来看，采矿企业的生产过程与污染治理过程具有相互替代性。根据不同种类的矿产资源特点和生产流程，矿产资源一般需要经过采掘、碾磨、洗选、冶炼等一系列处理过程才能作为其他产业的生产原材料进入市场。每一个处理环节都会产生废弃物，与制造业不同的是，采矿业不仅会对生态环境产生影响，资源的粗放式开采和洗选等还会造成大量的资源浪费，这可能会导致矿山使用年限降低。因此，发展矿产资源绿色开采技术和综合利用技术，推动精细开采，不仅是提高采矿企业生产能力和增加产值的要求，也是降低负外部性的要求。提高资源回采率和综合利用率，就是降低资源浪费与生态环境破坏。基于此，有必要对采矿业的污染治理方式与绿色技术创新开展针对性研究，以区别于上文中的整体样本结果。本研究在上文匹配数据的基础上，筛选出采矿企业共1635家，并以此为样本开展实证研究。

从表8.6可以发现，与表8.3的微观数据结果相比，数量型规制对采矿企业的技术研发减排作用并不显著，并且对其他污染治理方式的影响显著性小于微观数据结果。可以发现，数量型环境规制对采矿企业污染治理方式选择以及绿色技术创新的影响作用普遍较小，这与采矿业的产业性质有关。在采矿业，最终产品是矿产资源，在资源开采与洗选过程中，必然会产生废渣、废水、废气等。由于资源储量、品位等不同，矿山建设规模也不相同。而数量型的产能控制措施影响下，一旦降低产量，减少市场供应，则会导致矿产资源价格受到影响，在其他因素冲击既定以及替代资源不确定情况下，采矿企业的利润与收益取决于矿产资源的需求价格弹性。因此，与其他产业相比，数量型规制对采矿企业污染治理行为与绿色技术创新行为的影响显著性相对较小。

表8.6　不同环境规制工具对采矿企业污染治理方式选择的影响概率

环境规制 工具类型	价格型—排污费		数量型—产能闲置率	
系数/比数比	系数	比数比	系数	比数比
技术研发减排 （$Y_{ipi}=0$）	-0.378*** (-4.77)	0.685	0.308 (1.55)	1.361

续表

环境规制工具类型	价格型—排污费		数量型—产能闲置率	
系数/比数比	系数	比数比	系数	比数比
使用原设备（$Y_{fbi}=0$）	-0.230*** (-5.77)	0.794	0.225** (2.47)	1.252
绿色生产技术（$Y_{gtbi}=0$）	-0.472*** (-7.20)	0.624	0.267* (1.95)	1.306

注：*、**、***分别表示在10%、5%和1%的水平下通过显著性检验。括号内为z值。比数比即概率比，是指解释变量每变化1个单位，被解释变量取值为0时相较于取值为1时的概率变动情况。

表8.7展示了采矿企业污染治理方式选择决策的影响概率，与整体的微观数据不同，绿色生产技术对污染治理决策的影响是负的，即采矿企业绿色生产技术水平越高，企业对环境规制的应对措施更倾向于承担规制成本。这与采矿企业生产工艺与流程有关，采矿企业的绿色生产过程就是提高矿产资源回采率、选矿回收率和降低三废的过程。因此，如果采矿企业绿色生产技术水平较高，就意味着污染产生量较少，此时，直接承担政府规制成本符合成本最小化原则。

表8.7 采矿企业污染治理方式的决策影响概率

污染治理方式选择	系数	比数比	z值
技术研发减排（$Y_{ipi}=0$）	0.654	1.922	1.05
使用原设备（$Y_{fbi}=0$）	-0.506***	0.603	-3.41
绿色生产技术（$Y_{gtbi}=0$）	-1.831***	0.160	-3.92
Constant	1.572	4.816	3.64
Wald 统计量	45.54		
Prob > chi2	0.0000		

注：*、**、***分别表示在10%、5%和1%的水平下通过显著性检验。比数比即概率比，是指解释变量每变化1个单位，被解释变量取值为0时相较于取值为1时的概率变动情况。

在影响因素分析中，首先对数据进行多重共线性检验、异方差检验与内生性检验。由于数据存在异方差和多重共线性，污染治理量指标采用污染产生量减去污染排放量替代，并对各变量取对数后用稳健标准误回归，实证结果如表8.8所示。

从实证结果系数与显著性来看，污染治理设施数越多，采矿企业越倾向于治污技术研发，而不是绿色生产技术研发，这与微观数据的实证结果不同。可能的原因是，受矿产资源储量与开采技术水平影响，采矿企业难以突破经济与技术限制去发掘更多的资源储量，在政府产业政策和行业市场压力下，采矿企业要想获得更多的资源开采量和产值，就必须向提高资源综合利用率转变，通过资源洗选加工技术、污染治理技术以及废物再利用技术等的研发，提高选矿回收率、资源综合利用率，减少资源浪费，并实现政府规制成本的降低。

表8.8　采矿企业污染治理方式选择模型的影响因素实证结果

模型	技术研发减排 系数	技术研发减排 比数比	绿色生产技术 系数	绿色生产技术 比数比	使用原设备 系数	使用原设备 比数比
单位产值排污量	-0.636 (-1.26)	0.530	-0.203 (-0.84)	0.816	-0.077 (-0.76)	0.925
研发投资	-0.542*** (-5.16)	0.582	-0.296*** (-5.4)	0.744	0.019 (0.54)	1.019
固定资产投资	-0.120 (-0.26)	0.887	0.014 (0.06)	1.014	-0.449** (-2.53)	0.638
劳动力投入	0.105 (0.16)	1.111	-0.025 (-0.09)	0.975	-0.037 (-0.19)	0.934
能源消耗强度	-0.107 (-0.23)	0.898	0.061 (0.25)	1.063	-0.316* (-1.84)	0.729
污染治理投资	0.355 (1.11)	1.426	-0.298 (-1.13)	0.742	-0.112 (-0.97)	0.894
污染治理量	0.111 (0.34)	1.118	0.154 (0.80)	1.166	0.234** (2.03)	69.757
治污设施数	-0.169 (-0.34)	0.844	-0.329** (-2.28)	0.719	-0.084 (-0.60)	0.920
Constant	-1.019 (-0.24)	0.361	5.957*** (1.61)	386.468	3.545** (2.28)	34.656
Wald 统计量	39.85		41.63		27.45	
Prob > chi2	0.000		0.000		0.001	
Akaike crit. (AIC)	53.856		91.689		236.804	
Bayesian crit. (BIC)	82.790		120.624		265.738	

注：*、**、***分别表示在10%、5%和1%的水平下通过显著性检验。括号内为t值。比数比即概率比，是指解释变量每变化1个单位，被解释变量取值为0时相较于取值为1时的概率变动情况。

8.5 基于加总数据的稳健性检验

在前面的分析中，考虑到数据可得性与有效性，本书采用的企业数据由于年份较老，且个别变量是由原始数据计算与变换得到的，尽管实证结果支持了理论模型的结论，但是数据的滞后性在一定程度上削弱了结果的说服力。为弥补这一不足，下面采用2005~2017年中国30个省（区、市）的面板数据进行稳健性检验。其可行性在于，省级数据是由企业数据加总而来，是企业总体投资偏好与行为选择的映射。在中国，环境规制的实施是自上而下的，但各省市的环境规制强度并不统一。以环境税为例，《中华人民共和国环境保护税法》规定，各省（区、市）能够"统筹本地区环境承载能力、污染物排放现状和经济社会生态发展目标要求"，在法律规定的税额幅度内确定和调整本省（区、市）适用税额。因此，省级加总数据能够反映环境规制影响下企业行为的省内一致性和省际差异性，在一定程度上能够说明环境规制工具对企业污染治理方式选择与绿色技术创新投资偏好的影响。

本部分数据主要来源于国家统计局网站以及《工业企业科技活动统计年鉴》《中国劳动统计年鉴》《中国环境统计年鉴》《中国环境年鉴》《中国工业经济统计年鉴》《中国能源统计年鉴》等。所有的价值指标都借鉴简泽（2011）的数据处理方式，调整为2005年的不变价格，以消除物价影响。其中，工业销售产值按照"各地区工业品出厂价格指数"调整，固定资产投资按照"各地区固定资产投资价格指数"调整。而对研发投资的数据处理则借鉴朱平芳（2003）的做法构建研发投资价格指数，该指数由居民消费物价指数和固定资产投资价格指数按照55%权重和45%权重加权合成。

8.5.1 加总数据的模型参数估计

（1）环境规制工具的影响分析

首先，仍然采用"排污费"和"产能闲置率"作为价格型与数量型环境

第8章
环境规制工具对企业绿色技术创新偏好的影响研究

规制变量进行回归，结果如表8.9所示。其次，尽管中国环境税征收时间较短，数据不完整，但前面已经根据污染排放量与环境税率的统计关系构建了环境税率计算公式，具备推算区域环境税水平的统计条件。同时，考虑中国环境规制的实践，虽然市场型环境规制工具在近些年发展迅速，并取得了较好的效果，但是命令控制型环境规制工具仍然占据中国环境规制手段的重要地位，其在环境管理中的作用不可忽视。因此，增加环境税以及命令控制型环境规制工具类型，可以提高实证结果的稳健性。再次，命令控制型规制工具种类较多，本书借鉴郑石明和罗凯方（2017）、郑洁等（2019）的做法，采用"三同时"项目环保投资总额作为命令控制型环境规制工具的表征指标。同时，采用各地区环境行政处罚案件数量和清洁生产审核企业数量作为补充和对比。

由表8.9结果可知，不同类型的环境规制工具对污染治理方式选择的影响是异质的。价格型环境规制对污染末端治理的作用大于源头控制。环境税对绿色技术创新的影响为-0.216，企业选择绿色生产技术的概率仅是选择治污技术创新概率的0.806倍，说明环境税不利于企业生产技术创新，更倾向于对治污技术创新产生影响。而在排污费影响下，企业对原设备的使用强度是引进新设备概率的2.522倍，企业通过延长治污设备的运行时间，提高污染治理量，降低污染排放成本。在数量型环境规制下，绿色生产技术创新的概率是治污技术创新的1.918倍，企业创新投资偏好更倾向于进行生产技术创新。同时，加大污染治理力度，通过末端治理达到政府规制要求。因此，相比于政府的产能控制，企业更愿意承担规制成本，以保证产出规模。命令控制型规制工具对绿色技术创新的偏向性影响与价格型规制工具下的参数符号基本一致，同样更有利于提高企业绿色技术创新。三种命令控制型措施对绿色生产技术的影响均显著为负，说明环境规制强度越强，绿色生产技术创新越少，治污技术创新越多。但是，在命令控制型规制工具下，企业更倾向于引进新设备。其中，三同时制度中，企业选择使用原设备处理污染的概率仅为引进新设备控制污染排放概率的0.584倍。综上所述，从不同环境规制工具对企业污染治理方式选择偏好的影响来看，相较于价格型环境规制工具，数量型环境规制工具对污染的过程控制作用更大。

表8.9　　　　　　　　　　环境规制工具的影响概率

环境规制 工具类型	价格型		数量型		命令控制型	
环境规制工具	环境税	排污费	产能闲置率	行政处罚案件	三同时	清洁生产
技术研发减排 （$Y_{ipi}=0$）	-0.182 (0.883)	-0.125 (0.882)	0.331 (1.392)	-4.87E-05* (0.999)	-0.179 (0.836)	-0.315 (0.730)
使用原设备 （$Y_{fbi}=0$）	-0.224 (0.799)	0.925* (2.522)	0.448 (1.565)	0.245 (1.277)	-0.539*** (0.584)	-0.026 (0.974)
绿色生产技术 （$Y_{gtbi}=0$）	-0.216** (0.806)	-0.285 (0.752)	0.651* (1.918)	-5.67E-05* (0.999)	-0.608*** (0.545)	-0.323* (0.724)

注：*、**、*** 分别表示在10％、5％和1％的水平下通过显著性检验。括号内为概率比，即比数比。

（2）污染治理方式的影响因素分析

表8.10显示，单位产值污染排放量对各种方式的影响均显著。为了快速达到政府规制目标，单位产值的污染排放量越大，企业越倾向于污染末端治理。劳动力对绿色生产技术创新具有促进作用，污染治理投资的增加不利于绿色生产技术提高。污染治理量对绿色生产技术和使用原设备的影响正好相反。与表8.5相比，个别影响因素不仅显著性水平与微观企业数据存在差异，有些因素的系数符号甚至相反，比如单位产值污染排放量对绿色生产技术的影响系数、污染治理量与治理设施数对使用原设备等的影响系数等。可能的原因是，一方面，省级加总数据在反映微观企业行为特征中存在一定的统计偏差；另一方面，本书省级加总数据是面板数据，更具有反映政策连续性的优势。事实上，随着中国经济的发展，污染问题受到的重视也越来越明显，政府环境规制强度逐渐增加。同时，企业环保意识也在不断提高，生产工艺改进与污染治理水平提高迅速，环保产业与环保服务业的发展更是为企业应对政府环境规制提供了专业化服务，污染治理技术的研发、推广与应用降低了企业自身研发绿色生产技术的需求。同时，当污染治理量较高时，也意味

着企业需要付出较高的污染末端治理成本，那么企业增加对污染治理效率更高的新型设备引进是符合成本最小化的，同时，通过绿色技术创新降低污染物产生总量，从而减少污染末端治理的压力也是可行选择之一。

表8.10　　　　　　　　　　影响因素分析

模型	技术研发减排 系数	技术研发减排 比数比	绿色生产技术 系数	绿色生产技术 比数比	使用原设备 系数	使用原设备 比数比
单位产值排污量	-5.561*** (-3.25)	0.004	-10.181*** (-4.11)	0.000	-5.977*** (-3.19)	0.003
研发投资	0.239 (1.416)	1.270	-3.404*** (-3.88)	0.033	-0.132 (-0.20)	0.877
固定资产投资	0.718 (1.18)	2.051	2.079** (2.49)	7.999	1.338** (1.99)	3.813
劳动力投入	1.328 (1.09)	3.775	6.027*** (3.20)	414.666	1.435 (1.14)	4.198
能源消耗强度	-4.285** (-2.48)	0.014	-8.968*** (-3.74)	0.000	-4.237** (-2.24)	0.014
污染治理投资	1.248** (2.36)	3.484	-1.476* (-1.88)	0.229	0.039 (0.07)	1.040
污染治理量	-0.142 (-0.39)	0.868	1.061** (2.19)	2.890	-0.803* (-1.83)	0.448
治污设施数	0.799 (0.84)	2.223	3.253** (2.52)	25.868	4.322*** (3.91)	75.356
LR统计	22.811		102.862		55.912	
Prob > chi2	0.005		0.000		0.000	
Akaike crit. (AIC)	370.585		216.686		309.901	
Bayesian crit. (BIC)	401.674		247.775		344.876	

注：*、**、***分别表示在10%、5%和1%的水平下通过显著性检验。括号内为t值。比数比即概率比，是指解释变量每变化1个单位，被解释变量取值为0时相较于取值为1时的概率变动情况。

8.5.2　拓展分析—区域异质性

一般而言，地区经济发展水平越高、人地关系越紧张，对环境的关注度就越高，环境污染就越严重，环境污染治理投资也越多（金成晓等，

2018）。中国东中西部经济发展水平差距较大，各省市环境规制政策的侧重点也各有不同，有必要探讨环境规制工具对污染治理方式选择偏好的区域异质性。

本书按照区域经济的传统做法，将30个省市划分为东、中、西部，分别分析污染治理方式对治理决策的影响、环境规制工具对污染治理方式的影响以及污染治理方式的影响因素等。本部分内容的规制工具分别选择排污费、产能闲置率以及三同时制度，作为价格型、数量型以及命令控制型规制工具指标。另外，污染治理投入与经济发展水平和环境状况有关（钟茂初、姜楠，2017；范子英、赵仁杰，2019），由于各地区均有政府层面的环保治理投资，这势必影响企业应对政府环境规制的方式以及污染治理行为，也由此影响因素指标增加各地区的环保投资变量。

结果显示，在东部地区，生产技术创新水平对污染治理决策具有显著的正向影响，生产技术创新能力越强，越倾向于采取治理的态度应对环境规制；中西部地区各治理方式的影响效果均不显著。

在环境规制工具对污染治理方式选择偏好的影响中，价格型规制工具的区域异质性比较明显。其中，在东部地区，排污费促使企业延长治污设备运行时间以达到减排目的。而在中部地区，排污费更有利于企业生产技术创新，但对治污设备的影响则为负，从而导致中部地区企业在排污费的影响下更倾向于遵循环境规制成本，排污费征收越多，越不利于企业开展污染治理。在西部地区，排污费的作用与中部地区正好相反，能够促进企业绿色技术研发。数量型规制对东部地区的生产技术创新以及治污设备减排具有显著的促进作用，但只对西部地区的生产技术创新产生作用，并且有利于推动中部地区污染治理投资的增加。命令控制型规制工具对东、中、西部地区的污染治理方式作用一致，均不利于生产技术创新和治污设备运行，只对引进新设备和污染治理技术创新有促进作用。

在影响因素的分析中，单位产值污染排放量越高，企业越倾向于直接承担环境规制成本，而不是开展污染治理，这一作用在中部地区体现最为明显。

即使企业为了达到规制要求而增加减排投入,也更倾向于选择污染治理技术创新,并引进新设备提高污染末端治理效率,这一结果在东部和中部地区比较显著。企业研发投入更有利于东部和西部地区的污染治理技术创新,在污染治理方面的固定资产投资更多的是污染治理设备的维护。能源消耗强度与产出具有相关性,在技术水平不变的条件下,产出越多,能源消耗越多,污染产生量也越多。因此,能源消耗强度的作用与污染排放量作用类似,但是对西部地区生产技术创新的抑制作用高于排污量。为了降低污染治理成本,现有污染治理设施套数越多,东部地区和西部地区越偏好延长污染治理设施运行时间。同时,东部地区更倾向于增加污染治理投资,而中部地区对生产技术的创新更为重视。但是,随着污染治理量的增加,东部地区和西部地区却不再增加污染治理投入,而是更倾向于遵循规制成本。这与污染治理的边际成本以及规制强度有关。在东部地区,随着污染治理投入的增加,污染治理的边际效用递减,治污边际成本甚至高于规制成本,遵循环境规制成本更有利于利润最大化。而在中、西部地区,环境规制强度相对较低,前期污染治理投入与技术创新已经足以应对政府规制要求。具体请参见表8.11。

表8.11　　　　　　　污染治理方式选择偏好的区域异质性

治理决策	模型变量	东部地区 技术研发减排	东部地区 绿色生产技术	东部地区 使用原设备	中部地区 技术研发减排	中部地区 绿色生产技术	中部地区 使用原设备	西部地区 技术研发减排	西部地区 绿色生产技术	西部地区 使用原设备
治理决策	治理方式	0.786 (1.08)	1.882*** (2.61)	0.990 (1.44)	0.126 (0.12)	1.047 (1.07)	1.068 (1.07)	−0.268 (−0.39)	1.166* (1.73)	0.777 (1.16)
规制工具类型	价格型	−0.358 (−0.71)	−0.670 (−1.53)	1.060* (1.85)	−5.150* (−1.94)	1.310* (1.82)	−1.665 (−0.78)	6.510*** (2.58)	1.457 (0.85)	1.537 (0.83)
规制工具类型	数量型	1.426 (1.24)	3.511** (2.29)	2.936** (2.16)	0.906* (1.74)	−0.199 (−0.59)	0.077 (0.20)	−0.202 (−0.54)	1.534*** (2.77)	0.481 (1.10)
规制工具类型	命令型	−0.245 (−1.04)	−0.384** (−2.03)	−0.521** (−2.18)	−0.326 (−1.38)	−1.084*** (−3.79)	−0.483* (−1.82)	−0.001 (−0.01)	−0.487** (−2.11)	−0.601** (−2.48)

续表

	模型	东部地区			中部地区			西部地区		
		FE	FE	FE	FE	FE	FE	RE	FE	RE
影响因素	单位产值排污量	-6.000 (-1.56)	-10.945** (-2.81)	-11.037** (-2.81)	-10.235*** (-2.68)	-26.122*** (-3.04)	-8.773* (-1.92)	-0.599 (-0.32)	-5.786 (-1.42)	-5.859*** (-2.85)
	研发投资	-0.500 (-0.42)	-4.662** (-2.49)	1.504 (1.17)	0.850 (0.68)	-2.504 (-1.29)	-1.710 (-1.06)	1.450** (2.26)	-4.174*** (0.026)	0.140 (0.21)
	环保投资	-0.261 (-0.49)	-0.642 (-0.91)	-0.385 (-0.63)	-1.289* (-1.81)	1.313 (1.11)	-0.191 (-0.19)	-0.514 (-0.94)	0.119 (0.16)	-0.053 (-0.09)
	固定资产投资	-0.381 (-0.29)	2.839 (1.58)	4.358*** (2.99)	1.853 (1.62)	0.658 (0.38)	1.106 (0.73)	-0.011 (-0.01)	2.234 (1.44)	1.558* (1.65)
	劳动力投入	1.305 (0.71)	3.858 (1.12)	0.251 (0.14)	0.865 (0.28)	11.210** (2.07)	4.040 (1.05)	-0.183 (-0.16)	8.038* (1.79)	1.722 (1.28)
	能源消耗强度	-7.397* (-1.91)	-9.800** (-2.08)	-6.606* (-1.79)	-8.519* (-1.85)	-27.616*** (-2.88)	-9.372* (-1.74)	1.891 (1.11)	-3.879 (-1.02)	-3.558** (-1.96)
	污染治理投资	1.421 (1.21)	-1.055 (-0.60)	-0.787 (-0.57)	3.143* (1.87)	-2.639 (-1.00)	0.711 (0.30)	2.052* (1.70)	-2.846 (-1.50)	-0.081 (-0.07)
	污染治理量	-1.877* (-1.68)	2.080 (1.35)	-0.770 (-0.68)	-0.885 (-0.91)	3.292** (2.05)	-3.442** (-2.18)	-0.316 (-0.97)	0.811 (1.08)	-0.087 (-0.25)
	治污设施数	4.359** (2.39)	3.565 (1.40)	3.119* (1.76)	0.180 (0.09)	6.040* (1.67)	7.643*** (2.71)	-0.936 (-1.47)	1.797 (0.70)	1.920* (1.38)
	LR	20.18	39.01	33.32	13.42	52.25	30.38	10.71	33.65	15.83

注：*、**、***分别表示在10%、5%和1%的水平下通过显著性检验。括号内为z值。比数比即概率比，是指解释变量每变化1个单位，被解释变量取值为0时相较于取值为1时的概率变动情况。

资料来源：笔者利用Stata软件计算并整理。

8.6 本章小结

本章通过构建理论模型分析两种市场型环境规制工具对企业污染治理的

影响，并以企业污染治理方式的选择为切入点构建嵌套 logit 模型，分别从污染治理方式选择、影响因素以及区域异质性等方面开展实证分析。理论模型中，当不考虑绿色技术创新程度时，企业需要增加产出，同时增加末端治理投入，以污染治理技术降低排放，而总量控制更倾向于降低产出或者开展绿色生产技术创新实现污染减排。实证分析进一步证实了理论推演的结果，同时证明不同环境规制工具存在绿色技术创新的偏向性影响，为环境规制政策的制定与实施提供了理论与现实依据。

第 9 章
最优环境税率对绿色技术创新的影响研究

环境税是解决外部性的有效手段,即通过把环境污染和生态破坏的社会成本,内化为企业生产成本和市场价格中,再以市场机制实现环境资源的再分配。中国自 2018 年 1 月 1 日开始施行《中华人民共和国环境保护税法》(以下简称《税法》),征收环境保护税,取代了延续近 40 年的排污收费制度。考虑到中国正处于费改税的过渡期,在环境税率制定时以"税负平移"为原则,力求收费与征税制度的平稳转换。作为中国第一部专门体现绿色税制的单行税法,环境保护税法的实施对于推进中国绿色发展、生态文明建设具有十分重要的意义。

尽管已有研究证实了环境税征收对降低污染和提升绿色技术创新水平的正向作用(范丹等,2018),但对资源型产业却并不具有现实的参考价值。这是由于以往研究对环境税征收水平的衡量没有与污染物排放水平挂钩,无法完全、有效地内部化污染治理成本(秦昌波等,2015),因而无法准确考察经济发展带来的全部环境代价。同时,由于完全外部性成本未得到充分考虑,绿色技术创新水平也被高估了。因此在现有研究中,较低的环境税征收水平和绿色技术创新水平的计算偏差削弱了结果的解释力与适用性。本章以

第9章
最优环境税率对绿色技术创新的影响研究

中国环境税征收实践为基础,通过构建环境税率与污染排放水平的统计关系,以完全外部性成本为视角,通过计算完全外部性成本的最优税率和绿色技术创新效率,构建最优环境税率对绿色技术创新影响的门槛效应模型,分析结果为中国环境税政策的实施和调整提供参考。

9.1 资源型产业的最优环境税率计算

结合前人研究结论,本书认为,最优环境税率是指能够完全内部化企业外部性成本的环境税率,即环境税征收水平应该与污染排放水平直接挂钩。第5章构建了环境税率与污染排放水平的统计关系,并在表5.3中给出废水税率、废气税率的加权回归结果,以此预测并计算资源型产业的最优环境税率,得出各产业污染物排放当量所对应的最优税率水平。由于对不同的污染物种类征税会产生不同的环境改善效果(André et al.,2005),本书认为,不同污染物种类的最优环境税率也是不同的,那么对绿色技术创新的影响也会不同,因此,有必要针对不同污染物种类来计算环境税率。

计算结果显示(见表9.1),中国资源型产业大气污染的最优税率为每污染当量最高9.43元,最低1.68元,平均值为3.08元,中位数为2.68元;水污染最优税率每污染当量最高为431.19元,最低为2.09元,平均值为51.02元,中位数为29.42元。从平均值来看,与各省执行税率相比,资源型产业大气污染最优税率是省执行税率的约1.1倍,但最高税率低于北京市最高执行税率水平;水污染最优税率51.02,超过省执行税率的15倍。从平均值来看,产业的最优税率高于各省实际执行税率,这一结果与唐明和明海蓉(2018)、王有兴等(2016)的研究结论一致,且税率水平高于金成晓等(2018)基于经济均衡增长路径计算的最优环境税值。同时,该结果也表明,中国各省/市环境税率执行水平不足以弥补资源型产业发展带来的环境外部性损失，特别是大气污染，税率差距较大，无法形成有效的减排约束，由此也无法达成环境改善的目标。

表9.1　　　　　　资源型产业最优税率与省执行税率比较　　　单位：元/污染当量

	大气污染税率		水污染税率	
	省执行税率	产业最优税率	省执行税率	产业最优税率
最大值	12	9.43	14	431.19
最小值	1.2	1.68	1.4	2.09
平均值	2.83	3.08	3.35	51.02
中位数	1.2	2.68	1.4	29.42

资料来源：笔者根据计算结果整理。

图9.1显示了最优税率的产业差异。尽管资源型产业的大气污染税率与水污染税率的差异较大，但是水污染税率比较高的产业，大气污染税率也相对较高，如石油天然气开采业和非金属制品业。值得注意的是，电力热力生产和燃气生产业与其他产业明显不同。相比而言，这两个产业的大气污染税率与水污染税率呈现一高一低的状态，这与其产业特性有关。以燃气生产与供应业为例，天然气生产与储运需要经过脱水工艺的处理，在这个过程中会产生大量废水，具有较高的环境外部性，而产生的大气污染则较少。因此，该行业水污染税率远高于其他产业，而大气污染税率则低于其他产业。此外，由于对资源的加工与处理方式不同，各类产业单位产值污染排放量差异较大。整体上，大气污染税率呈下降趋势，而水污染税率则呈现上升趋势。虽然2006~2022年各产业平均税率有波动，但是水污染税率波动率大于大气污染税率，特别是2014年以后，大气污染税率出现明显的下降趋势，而水污染税率则呈现上升趋势。这与中国各地区将大气污染防治作为环境治理重点，加大大气污染防治举措有关。从2013年国务院发布的《大气污染防治行动计划》十条措施开始，中国各省和地区从节能减排、转变发展方式以及技术创新等各方面严格制定大气污染治理标准，控制大气污染排放，降低了大气污染排放水平，进而导致完全外部性成本的最优税率下降。

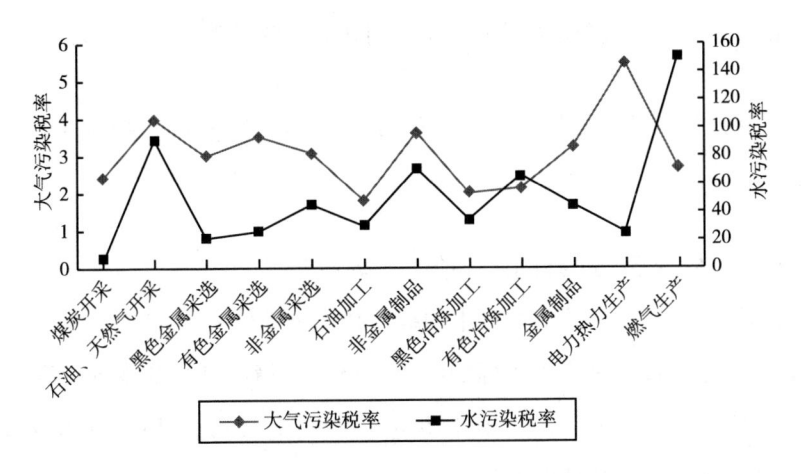

图 9.1 最优税率的产业差异（元/污染当量）

数据来源：笔者根据计算结果绘制。

9.2 最优环境税率对绿色技术创新影响的门槛效应

为了深入探究环境税率水平对绿色技术创新效率的影响效应，本部分内容将构建最优环境税率对绿色技术创新影响的门槛模型，通过控制相关变量，估计大气污染税率与水污染税率对绿色技术创新影响的不同门槛个数与数值，对比分析两种环境税对绿色技术创新的异质性影响。

9.2.1 模型设定与相关变量选择

针对环境税与绿色技术创新关系的研究观点并不一致，有些研究认为环境税可以促进绿色技术创新，而有些研究则不支持这一观点。尽管相关研究方法及变量选择并不相同，但仍然能够说明些许问题。环境税与绿色技术创新的关系受到环境税率水平的影响，可能并不是线性的，而是存在门槛特征，即随着环境税率的提高，环境税对绿色技术创新的影响可能会具有波动性趋势。因此，本书将环境税率与绿色技术创新效率的门槛模型设定为：

$$GTE_{it} = \mu_0 + \beta_1 x_{it} I(q \leq \gamma) + \beta_2 x_{it} I(q > \gamma) + \sum_{j}^{n} \beta_j control_{jt} + \varepsilon_i$$

(9-1)

其中，q 为门槛变量，γ 为待估门槛值，ε_i 为残差。

被解释变量：考虑外部性成本的绿色技术创新效率（GTE）。由于绿色技术创新效率是多投入多产出指标的结果，所以环境外部性成本的计算虽然与环境税率水平有关，但只是一个非期望产出指标。因此，环境税率与绿色技术创新效率不存在多重共线性问题。

核心解释变量：也是本书的门槛变量，分别为前面所测算的大气污染最优税率和水污染最优税率。

控制变量：(1) 政府研发补贴。由于绿色技术的非竞争性导致企业缺乏创新动力，考虑到研发补贴是绿色技术创新激励的重要形式，本书引入政府研发补贴作为控制变量，以产业创新资金来源中的政府资金进行衡量。(2) 所有权结构。中国部分资源型产业的国有产权占比较高，考虑到国有产权与非国有产权对绿色技术创新的影响，本书采用行业实收资本中的国有资本占比表示。(3) 市场结构。市场集中度也是影响企业创新激励的重要因素，本书以大企业数量占行业企业数比值进行衡量。(4) 产业规模。产业是否存在规模经济，对产业是否有动力改善技术创新效率具有重要影响，本书以年底从业人员数表示产业规模。

9.2.2 计量检验与回归结果分析

本书首先采用两种面板数据单位根检验方法检验数据平稳性，即不同根单位根检验的 ADF-Fisher 方法和相同根单位根检验的 LLC 方法。检验结果表明，变量是一阶非同根的。因此，进一步对所有变量取一阶差分，对序列残差进行检验，结果显示，ADF 统计量对应的 P 值均为 0.000，所有变量均在

1%水平上拒绝原假设，变量之间存在显著的协整关系，不存在伪回归（见表9.2）。

表9.2　　　　　　　　　　数据平稳性检验

项目	原始序列				一阶差分				结论
	Fisher		LLC		Fisher		LLC		
	ADF	P值	ADF	P值	ADF	P值	ADF	P值	
技术效率	7.944***	0.000	-18.885***	0.000	8.609***	0.000	-6.936***	0.000	平稳
大气税率	7.534***	0.000	-5.881***	0.000	6.009***	0.000	-4.597***	0.000	平稳
废水税率	2.133**	0.016	-0.014	0.494	11.124***	0.000	-7.778***	0.000	平稳
国有产权	6.502***	0.006	-3.102***	0.001	8.123***	0.000	-6.129***	0.000	平稳
研发补贴	3.389***	0.000	-1.045	0.148	8.844***	0.000	-6.962***	0.000	平稳
市场结构	1.554*	0.060	-0.928	0.177	8.267***	0.000	-5.697***	0.000	平稳
产业规模	2.670***	0.004	-0.986	0.162	7.302***	0.000	-5.352***	0.000	平稳

注：*、**、***分别表示在10%、5%和1%的水平上显著。

下面对门槛的个数和数值进行估计，并进行显著性检验。从估计结果看（见表9-3），大气污染税的单门槛、双门槛分别在5%和1%显著性水平上显著，大气污染税税率对绿色技术创新效率具有双门槛效应，门槛值分别为5.227和5.102；而水污染税率仅单门槛通过了显著性检验，水污染税率对绿色技术创新效率存在单门槛效应，门槛值为2.095。置信区间见图9.2。

表9.3　　　　　　　　　　门槛值估计与显著性

模型	大气税率			废水税率		
	γ	F统计量	P值	γ	F统计量	P值
单一门槛	5.227	17.78**	0.017	2.095	41.21***	0.000
双重门槛	5.102	38.69***	0.000	14.467	5.46	0.587
三重门槛	4.372	6.44	0.283	176.316	5.78	0.370

注：*、**、***分别表示在10%、5%和1%的水平上显著。

进一步，采用Stata15.0软件进行门槛回归模型系数的估计，具体结果如表9.4所示。

表 9.4　　　　　　　　　　　　　门槛回归结果

X	废气税率门槛模型			X	废水税率门槛模型		
	γ/μ	T 统计量	P 值		γ/μ	T 统计量	P 值
Gas_1	0.123***	2.650	0.009				
Gas_2	0.569***	7.120	0.000	Water_1	-0.028*	-1.900	0.060
Gas_3	0.023	0.660	0.512	Water_2	1.457e+04	0.160	0.873
产业规模	0.001	0.090	0.927	产业规模	0.005	0.760	0.451
市场结构	6.378***	4.420	0.000	市场结构	1.863	1.220	0.226
国有产权	-2.578***	-4.720	0.000	国有产权	-2.184***	-3.330	0.001
时间变量	0.099***	5.090	0.000	时间变量	0.052**	2.380	0.019
研发补贴	-4.95e-06***	-3.010	0.003	研发补贴	-4.04e-06**	-2.040	0.043

注：*、**、*** 分别表示在 10%、5% 和 1% 的水平上显著。

结合表 9.3 和表 9.4，从水污染税率的单门槛和双门槛系数来看，随着税率水平的下降，即从 5.227 降至 5.102，水污染税率对绿色技术创新效率的积极作用提高，且均在 1% 显著性水平上显著；而当税率水平继续下降为 4.372 时，影响系数显著下降，仅为 0.023，且统计上不显著。综合来看，水污染税率对绿色技术创新效率的影响是非线性的，即随着税率下降，环境税的绿色技术引致效应先上升后下降，当税率为 5.102 时，大气污染税的绿色技术创新影响最大，税率的技术引致弹性为 0.569%。结合前面的税率对比结果，各省大气污染的平均执行税率远没有达到促进绿色技术进步的最优税率，即使是包含环境外部性损失的产业平均税率也低于该最优税率。从环境税的技术引致效应来看，中国大气污染税的税率标准过低，不利于产业绿色技术进步。

从水污染税率的回归结果可以发现，当门槛值为 2.095 时，水污染税对绿色技术创新效率的影响为负，随着税率提高到 14.467，水污染税开始出现正的技术引致效应，但是这一正效应在统计上并不具有显著性，说明水污染税率不存在对绿色技术创新的最优值。同样，结合前面的分析可以发现，不论是各省水污染平均执行税率，还是产业测算平均税率，均高于门槛值，是否有利于绿色技术进步是不确定的。具体可参见图 9.2。

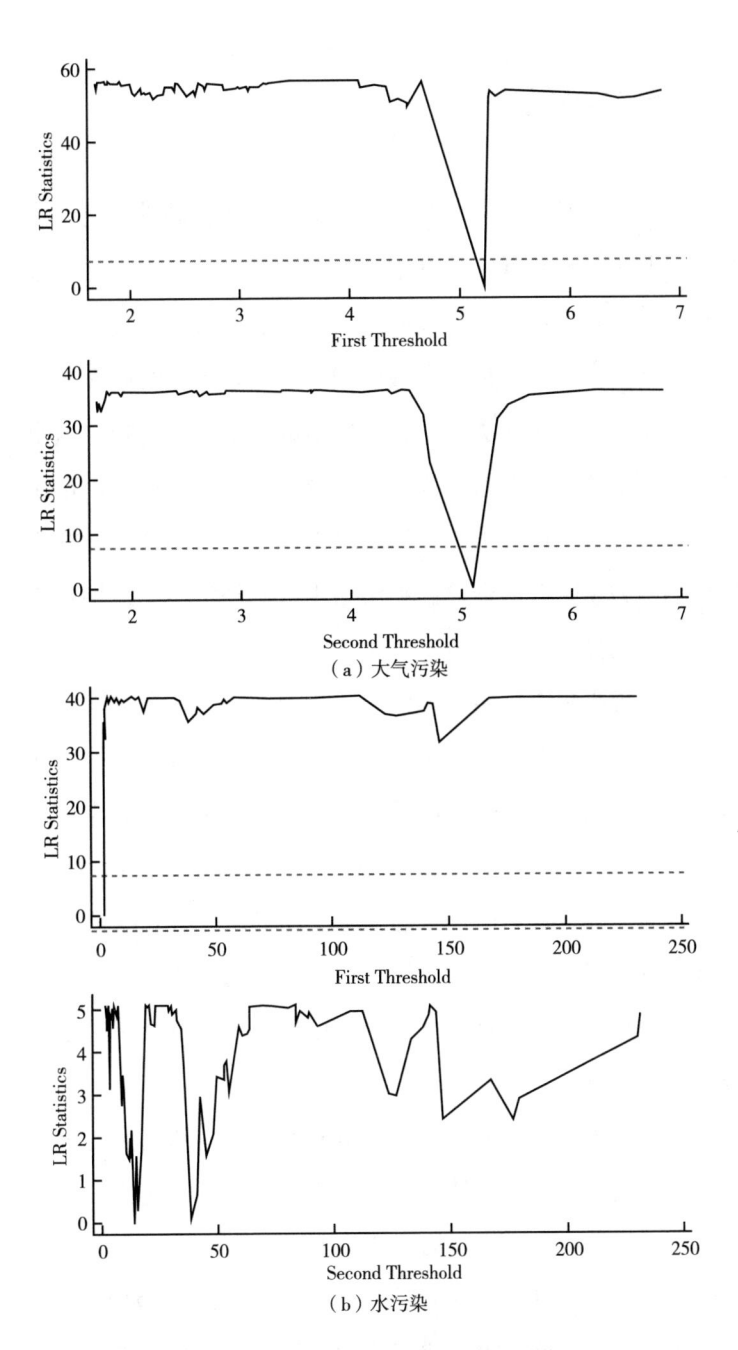

第9章
最优环境税率对绿色技术创新的影响研究

(a) 大气污染

(b) 水污染

图9.2 大气污染和水污染税率的门槛值及置信区间

9.3 本章小结

最优税率的计算结果说明，与中国资源型产业较高的环境污染相比，中国的环境税征收水平比较低。尽管中国在环境税之外仍然存在很多环境规制的工具，比如排污权交易、总量控制等，但是这些政策工具的作用更多的是调整产能。另外，中国在可持续发展管理中也存在很多行政命令型的环境规制，特别是在生态保护区和资源依赖型的地区，采矿权清理与退出已经成为改善区域生态环境状态的有效手段，越来越多的采矿企业退出市场。虽然环境改善较为明显，但是也付出了较高的经济代价。以环境税弥补环境污染成本，借助市场的力量降低污染控制和清洁生产的经济成本，将是符合可持续发展的理性政策选择。

在大气污染税率和废水污染税率的门槛回归中，本章发现水污染税率不存在最优的绿色技术创新效应水平。并且，本章并没有讨论中国环境税的清洁生产减免条款，但从单方面讨论环境税的绿色技术创新效应是片面的。为了实现清洁生产和绿色发展，中国资源型产业的技术创新激励政策有很多，包括创新补贴、资源综合利用技术的金融支持等，并且在绿色矿山建设标准中，绿色技术也是不可缺少的重要标准之一。因此，环境税的绿色技术创新引致效应还应该和其他政策相结合讨论才更具有现实意义，这也是这一领域未来研究的重要方向。

本章以中国资源型产业为例，以环境成本完全内部化为视角，测算资源型产业的水污染最优税率和大气污染最优税率，进而在此基础上评估产业绿色技术创新效率，并通过构建门槛效应模型，考察中国最优环境税率以及国家视角的环境税收水平对绿色技术创新的影响。主要结论如下。

第一，中国各省（区、市）水污染和大气污染的执行税率标准不足以弥补资源型产业发展带来的环境污染成本，特别是大气污染税率，实际污染治理所需的平均最优税率水平高达当前平均执行税率的 15 倍，环境污染的外部性成本没有完全内部化，无法对资源型产业形成有效的污染减排和环境治理约束。

  第二，通过门槛模型分析，发现大气污染税率对绿色技术创新具有双门槛效应，而水污染税率仅有一个门槛值通过了显著性检验；门槛回归结果表明，大气污染税对绿色技术创新的影响是非线性的，存在对绿色技术创新的最优税率。中国当前大气污染税率执行标准低于该最优税率，还没有达到最优的绿色技术创新激励水平；而水污染税率对绿色技术创新的影响具有不确定性，不存在最优税率，中国当前水污染执行税率对绿色技术创新的影响处于负效应阶段。

第 10 章
结论与政策建议

10.1 结论

本书在闭环的 R – SCP 研究框架下,系统研究了矿业权配置和环境规制对资源型产业绿色技术创新的影响。在对资源型产业在双重外部性影响下的绿色技术创新现状分析的基础上,通过构建理论模型与实证模型,分析影响绿色技术创新的矿业权配置与环境规制工具因素,特别是重点分析了采矿权安全性对采矿企业绿色技术创新的影响,并以中国环境税实践为例,分析税率水平与绿色技术创新效率的关系,这也是本书后续规制设计与政策建议的基础。具体包括以下几个部分。

10.1.1 基于双重外部性的中国资源型产业绿色技术创新问题与效率评估

本书首先分析了资源开采与使用过程中的污染排放、生态破坏、资源储采比等问题,传统发展模式的资源粗放型使用和产业过度进入、过度开采等给中国经济发展带来了日益严重的资源与环境约束,以绿色技术创新为驱动力的产业转型升级与绿色发展任重道远,如何实现资源型产业的高效、生态以及可持续发展是中国经济社会转型要面对的现实问题。而中国资源型产业

第10章 结论与政策建议

较低的创新效率和绿色技术创新投入也在制约着绿色技术进步,这与中国缺乏完善的资源产权与环境产权制度有关。矿业权配置是影响资源型产业发展的基础性制度,现在仍然在不断发展完善中,而在政府环境管理越来越严格、环境规制工具种类众多、多种环境管理目标的情况下,政策初始目标难以实现,而矿业权也变得越发不安全,产权主体难以明确,现有矿业权规制和环境规制无法形成有效规制,也很难对资源型企业形成绿色技术创新激励。要想准确研究政府各类规制与绿色技术创新的关系,就必须以绿色技术创新效率的精准评估为前提。

针对资源型产业双重外部性对绿色技术创新的诱发特征和制约作用,本书通过分析资源型产业绿色技术创新绩效与规制的关系,构建 R – SCP 理论框架,并在第五章借鉴外部性理论与产权理论,将外部性成本内部化。结果发现,资源型产业产值是以付出环境损害和资源耗减为代价的。通过进一步将该外部性成本作为资源型产业成本的一部分,纳入绿色技术创新效率的评估模型,与传统非期望产出的效率评估结果进行对比,结果发现外部性成本越高的产业,绿色技术创新效率越低,如果在评估绿色技术创新时不考虑外部性成本因素,则会导致结果被高估。这就形成了一个环形影响链条,在不考虑政府规制的情况下,资源型产业发展越快,外部性越高,而外部性越高,则对绿色技术创新的制约作用越大。单纯依靠资源型产业的市场协调机制无法激励企业绿色技术创新,这与绿色技术的公共产品属性有关,也是资源产权和环境产权不明确的后果,需要借助外生力量,打破这一循环,形成资源型产业绿色技术创新的推动力。

10.1.2 资源型产业绿色技术创新的矿业权配置因素

本书认为,矿业权配置对绿色技术创新产生影响存在两个方面:一是矿业权配置后的市场结构;二是在中国资源产权制度的大背景下,矿业权本身的不安全性等特征的影响作用。第一种是中国自然资源国有特征的必然结果,那就是国有企业与私有企业在矿业权市场中的地位具有不对等性，国有企业具有在矿业权市场进入与退出的先天优势，这种优势又强化了矿业权不安全性特征在私有企业的体现，导致国有企业和私有企业在第二种情形中出现较为明显的行为差异。因此，本书对矿业权配置因素的研究分为所有制结构与矿业权安全性两个部分。

第 6 章研究所有制结构的影响作用时，隐含假设矿业权市场已经在政府和市场作用下完成了结构配置，体现在采矿企业内部资本来源结构分为国有产权与私有产权。事实上，由于矿产资源在国民经济中的基础性地位和部分战略性矿产资源的国家战略地位，资源型产业是存在明显的进入门槛的。尽管如此，资源型产业也要接受政府环境规制，由此就形成了对资源型产业的双重规制，即环境规制和进入规制。本书结论说明，国有产权对绿色技术创新具有促进作用，特别是对资源开采业及其相关的能源产业，而此时，环境规制不具备对绿色技术创新的倒逼作用，在这种情况下，政府不能试图以政府强制力推动该类资源型产业的绿色创新。但是，对于资源加工业则可以另当别论。

在第 7 章中，本书认为矿业权配置的作用是通过影响采矿企业对绿色技术创新的预期收益，进而影响绿色技术创新行为的，这也直接关系到政府是否采取环境规制的策略选择。而采矿权是否安全则是影响企业预期的直接原因。因此，将采矿权的安全性纳入模型。通过理论分析和数值模拟，本书发现，采矿权不安全对企业绿色技术创新行为具有倒逼作用。但是，研发周期与研发投入却会影响这种倒逼作用的发挥，如果绿色技术研发周期较长，或者需要投入较多的研发资金，企业的绿色技术创新动力会不断减弱。而当采矿权安全性较高时，不管绿色技术研发成本高低，企业都很难开展绿色技术创新，因为在这种情况下，即使政府实施规制策略会增加采矿企业规制承担成本，采矿企业不开展绿色技术创新也能够获得较高收益。此时，政府规制策略与企业的研发投入呈负相关，研发投入越低，政府越可能采取规制手段。但当采矿权安全性处于中等状态时，采矿权安全性对企业绿色技术创新的激励则不断降低，为了实现环境目标，政府必须选择实施环境规制。在这个过程中，不管采矿权安全性是高是低，技术增长率越大，企业对绿色研发创新的预期收益越高，开展绿色技术创新的意愿也越强。但是，绿色技术溢出的影响作用会受到采矿权规模和采矿企业性质的影响，只有在不考虑采矿权安全性时，在私有企业的技术创新影响下，中型矿权的国有企业才具有绿色技术创新积极性。

10.1.3 环境规制工具与规制强度的异质性效应考察

本书认为，环境规制工具种类的多样性必然对绿色技术创新产生不同的影响。第 8 章构建了理论模型，分析了价格型规制与数量型规制对绿色技术创新的异质性作用，结果发现，当不考虑绿色技术创新时，在政府相同的污染减排要求下，总量控制下的企业更倾向于通过降低产出，对污染进行源头控制，而环境税作用下，企业则更倾向于选择污染的末端治理。当考虑绿色技术创新效应时，总量控制与环境税的作用受技术进步程度的影响。如果技术创新不足以实现政府减排目标，总量控制下企业需要投入更多的污染治理成本；而当技术进步程度较大时，企业不需要付出额外的污染治理成本。在环境税下，技术进步程度较高时，技术创新的减排效果足以达到政府减排目标；而当技术进步程度较小时，企业需要付出额外的治理成本。前面关于矿业权配置对绿色技术创新的作用研究已经证实，不同产业类型和规模会导致完全不同的研究结果，那么，从不同角度实证检验环境规制工具的影响效应才能符合现实。从总体来看，不同类型的环境规制工具与企业绿色技术创新的关系理论分析一致。有一点不同的是，采矿企业的污染治理设施数越多，企业越倾向于开展污染治理技术创新，而不是推进绿色生产技术，这是采矿企业的生产工艺与流程决定的，说明环境规制工具的影响效果同样具有产业异质性。另外，本书的研究也证实了环境规制工具对企业绿色技术创新偏好的影响具有较为明显的区域异质性。其中，价格型环境规制的区域差异最为明显，而命令控制型规制工具仅存在影响程度的区域异质性，并没有影响偏向的异质性。

更进一步，本书还证明了环境规制对绿色技术创新的作用具有污染物种类的差异。在第9章中，本书以中国环境税实践为基础，计算完全外部性成本下的资源型产业最优废气税率与最优废水税率，结果发现，相较于资源型产业较高的外部性问题，中国环境税的现行税率远低于最优税率，不足以弥补产业发展的外部性成本。大气污染税率与水污染税率对绿色技术创新的作用也是不同的，大气污染税率对绿色技术创新的影响是非线性的，但是目前中国执行的大气污染税率低于促进绿色技术创新的最优税率水平；而水污染税率则不存在促进绿色技术创新的最优税率，并且中国当前的水污染税率处于对绿色技术创新的负效应阶段。

10.2 资源型产业绿色技术创新的规制设计

在传统发展模式下，资源型产业的双重负外部性与经济冲突越来越明显，需要系统性地转变产业发展方式，绿色技术创新作为推动产业转型升级的可行选择和有效手段，具有发展的紧迫性与现实意义。中国颁布了一系列推动绿色技术创新的政策与举措，在人才、税收、金融以及财政补贴等各方面鼓励不同层面的创新行为，取得了较好的成效。同时，针对环境污染的政府规制与行政监管对绿色技术创新的倒逼与推动作用同样产生了积极影响，绿色矿山建设、采矿企业兼并重组等都是促进资源型产业绿色转型升级的重要手段。

但是，目前绿色技术创新的激励与惩罚制度缺乏系统性，存在叠加效应的相互抵消。通过前面的研究，现有资源型产业政策体系的薄弱环节包括政策叠加效果的不确定性、规制工具实施的不稳定性等，而政策需求侧与政策供给侧之间的关系存在差异，难以形成供需的有效匹配。由于政策工具与种

第 10 章
结论与政策建议

类较多，如何保证政策效果的一致性与稳定性是个重要问题，需要构建资源型产业绿色转型发展机构，协调各类政策工具的制定与实施，防止产业规制工具叠加效果的相互替代与抵消，同时改变以往各部门"头痛医头，脚痛医脚"的行为模式，更要立足于产业发展大局，协同制定产业规制政策，制定符合中国资源型产业发展特点的绿色技术创新与绿色转型升级政策建议。

10.2.1 环境规制与其他规制政策的结合

在现有资源型产业政府规制政策中，除了直接的技术创新补贴外，环境规制工具的种类繁多，对绿色技术创新的影响比较典型，也最为复杂。矿业权规制则是较为典型的进入规制，如果能够厘清这些规制结合使用的影响机制，将可以发挥有效的政策组合效应。

根据前面研究的多种产业政策与环境规制和绿色技术创新之间的关系（见图10.1），很多政策初衷是针对环境管理或产权改革，但是实际上却不利于绿色技术创新，甚至对绿色技术创新具有抑制作用。比如，国有化产权比例与环境规制的叠加对能源矿产相关产业的绿色技术创新效应就存在矫枉过正的现象。但是，同等程度的环境规制强度作用于私有企业或者非金属矿产企业时，却往往仍显不足。再比如，在生产后的污染物末端治理阶段，污染治理设施数量越多，越有利于采矿企业的污染治理技术创新，而不是绿色生产技术。此时，如果政府将生产前的清洁生产标准与采矿权进入挂钩，同时实施生产后的排污收费制度，则会提高资源型产业的进入门槛，从整体上提高采矿企业的绿色技术创新能力与水平。还有就是政策的"一刀切"现象导致政策效果参差不齐，各类政策的实施受矿山开采规模限制，对大型矿权企业与中小型矿权企业的绿色技术创新的影响机制也是不同的。矿业权规制以及环境规制的直接目的并不是绿色技术创新，而是在制定和执行中具有影响绿色技术创新的作用。而环境规制的直接绿色目标与间接的绿色技术创新效应之间的度如何把握，将会影响政策实施效果。

```
采矿权进入
"三同时"制度
总量控制          总量控制          环境税
环境标准          采矿权存续竞争    排污费
产权所有制结构    产权所有制结构    环境罚款
   ...              ...              ...
   生产前           生产中            生产后
```

图 10.1　政府规制政策与企业污染治理过程对应图

10.2.2　资源环境产权的界定与实施

缓解双重负外部性问题是推动资源型产业绿色技术创新的主要落脚点，这也是中国当前经济社会发展需要解决的主要问题。产权政策通过影响市场进入对企业形成进入规制，并进而对外部性产生影响。产权明晰且可交换是实现市场效率的基础，然而中国的资源产权和环境产权很难明确界定，需要政府作为资源环境的所有者实施资源环境的管理手段。

针对资源的代际负外部性问题，中国的矿产资源具有共有产权特性，资源所有权归国家或集体所有，在此基础上，中国不断健全矿产资源资产产权制度，推动资源所有权与使用权分离，探索矿业权市场化交易。但是，中国矿产资源产权交易的市场化发展受到各类因素影响。首先，并不是所有矿产资源的产权都适合市场化交易。特别是石油、天然气以及稀土等战略性矿产资源，不仅关系到经济发展和资源可持续利用，还具有国家资源能源安全的战略性地位，因此，矿产资源产权难以完全市场化，一味地市场化发展无法解决战略问题。其次，中国矿产资源的探矿权与采矿权是分离的，鉴于矿产资源勘探、开采以及加工等工序的产业连贯性和技术延展性，如果探矿权向采矿权转变，采矿权的转让等完全市场化会产生较大的转换成本与执行成本，从而影响资源的均衡配置，可能会带来更大的社会成本。最后，由于涉及矿产资源的土地权益、矿产资源的伴生性等问题，不同矿种的产权界定与交易仍然需要进一步探索和发展。尽管中国当前的矿产资源产权仍然存在产权不明晰、主体不明确等问题，并进而影响了矿业企业的资源开采与使用行为。但是，中国在转变矿业权所有制结构配置以及市场化交易方面进行了有益探索。矿产资源产权制度作为政府规制的重要内容，需要同时兼顾促进资源型产业绿色技术创新的作用，从而对负外部性产生积极影响。

针对环境负外部性问题，环境产权的界定与交易比资源产权更为复杂。首先，污染物种类、污染来源等各类因素都会对环境产权产生影响，同一家企业可能会同时产生大气污染与水污染，如何兼顾企业经营收益和社会福利最大化是政府需要权衡的重要内容。即使按照现有排污权交易的方式能够解决这一问题，不同类型企业的污染物排放种类和浓度的测量也需要考虑很多因素，这就形成了环境产权的网络型交叉问题，需要较高的污染测量技术与成本付出，现有技术与经济条件很难作出明确界定，只能针对排放量较大、危害性较高的某些特定污染物实施污染物的排放权设置与交易。其次，环境补偿价值的计算也是社会治理难点。这并不在本书的研究范围内，在此不予阐述。总而言之，环境产权的排他性权利分配是一个重要问题，水、大气以及河流等的产权不管是政府管理成本，还是环境产权的市场交易成本均较高，建立有效的市场交易机制还需要进一步的探索与实践。

10.2.3 绿色技术创新激励体系的构建

考虑到资源型产业绿色技术创新对双重负外部性的重要意义，完善绿色技术创新激励体系涉及的领域包括环境规制、矿业权规制等间接性影响采矿企业创新行为的政策工具，以及直接的创新激励政策。矿业权安全性对采矿企业进入市场后的绿色技术创新行为具有直接影响，而所有制结构的作用则不仅限于不同资源种类的国有化产权与非国有化产权，在规模上，大、中、小型矿权企业的行为策略仍然受到影响。价格型环境规制与数量型环境规制的影响贯穿企业生产前后以及污染治理的不同环节，同时，中国的命令控制型环境规制通过影响企业的进入退出而产生重要影响力。从资源型产业规制与政策体系的主体来看，政府层面的产业政策和规制行为通过资源与环境产权的配置影响企业行为，而资源型产业与企业则需要积极应对政府政策，建立绿色技术创新联盟，优化产业创新环境，搭建绿色技术创新合作平台，加强产业链之间、供应链内部的绿色技术创新合作，发挥技术溢出效应。同时，作为政府规制实施的执行主体，资源型企业需要识别政府政策的核心指导思想，根据政府政策指导思想制定企业绿色发展长期规划目标，防止应对政府规制与政策实施过程中的盲目性行为导致的创新成本增加与效率降低，降低短期行为损害。

10.3　政策建议

根据上述研究结论以及规制设计分析，本书为促进资源型产业绿色技术创新和绿色转型升级提出以下对策建议。

10.3.1　矿业权配置的差异化管控

第一，调整矿业权所有制结构。在矿业权所有制配置结构方面，调整不同资源型产业的国有化水平，根据不同资源型产业特性，优化资源产权的国有化配置结构，通过调整国有化水平引导产业技术进步。具体而言，降低金属与非金属矿采选业资源产权国有化配置结构，增加非国有产权在产权配置结构中的比重，优化国有资本、民营资本和外资结构，实行资源资产产权多元化，深化股份制改革，完善现代企业制度；强化市场化手段对矿业权交易的调节作用，鼓励竞争，激活产业市场活力，提高企业内部技术创新动力。调整能源产业的国有化水平，鼓励国有企业技术创新，促进技术外溢对产业技术创新的提升作用，发挥国有企业对行业整体技术水平提升的带动作用。推进资源型产业创新发展和结构调整，不仅要做强做大国有企业，更要做优国有企业。

第二，推动采矿权市场化交易。健全非金属矿产资源产权制度，推动采矿权市场化交易与整合。在矿产资源产权制度中，要兼顾资源的资产属性和生态价值，推动矿业权市场交易体系的深化改革，发挥市场在矿业权交易中的基础作用。具体而言，根据非金属矿产资源储量执行差异化矿业权交易标准，分类设定采矿权交易与延期标准。对于大中型采矿权交易，要提高采矿企业生产的技术要求和规模门槛，加强交易资质中的技术能力与可持续发展能力审核，设置绿色技术创新递增标准，促进产业转型升级。提高小型矿权开采技术标准，推动小型矿权就近整合。

第三，提高技术的矿业权竞争性出让权重，打破在招拍挂交易阶段唯价格至上的交易方式。另外，扩大采矿权竞争性出让，在采矿权延期申请中引入竞争机制，淘汰不符合技术标准和生产规模的采矿权，倒逼采矿企业技术创新；鼓励具有先进技术水平的采矿企业进入市场，提高非金属矿产资源的开发利用效率，促进产业高质量发展。

10.3.2 环境规制工具的制定与实施

第一，根据不同产业规模和市场结构设置环境规制强度与环境治理标准。尽管从市场结构来看，经过多年的供给侧结构性改革以及各产业去产能，资源型产业产能过剩问题已经得到较大改善，产业集中度获得改进，资源配置效率提高。但是，从根本上化解产业转型升级的阻碍仍然任重道远。这就需要结合产业规模与市场结构特征，对不同产业设置不同环境标准和技术标准作为进入退出规制手段，还要考虑当地经济社会发展水平以及污染排放程度动态变动，杜绝"一刀切"和一成不变。对于大企业数较多的能源资源开采业，环境规制强度与工具的设定要侧重对环境污染问题的直接作用，以降低环境污染和污染治理为主，而对其他资源类产业环境规制政策设定则兼顾对技术创新的引导作用，鼓励企业通过绿色技术创新降低负外部性成本。

第二，强化环境规制工具组合的区域适应性。环境规制工具的制定应该因地制宜，要结合地区经济发展特征与技术水平，注意不同环境规制工具的组合使用。各个地区在制定和实施环境规制时，应该在实现政府减排目标的基础上，采用合理的规制强度和合适的规制工具。对于技术创新水平较高的东部地区，应该强化数量型规制与管制型规制的使用，促使东部地区开展污染治理技术研发与污染治理新设备的引进，引领绿色技术提升；而对于中部地区，则需要注重价格型规制和管制型规制的结合，发挥管制型规制对污染减排的促进作用，同时以价格型规制工具倒逼企业绿色生产技术的赶超；西部地区则需要提高环境规制强度，以管制型规制控制污染排放数量，辅以数量型规制工具，以保障地区经济的产出规模。

第三，推动环境政策目标的动态化调整。环境规制工具的种类与实施应该因时而异，能够因政策目标不同而灵活调整。环境规制工具的作用效果与污染治理阶段直接相关，对于已经投入较高污染治理成本和较高污染治理水平的行业与地区，要更加注重规制工具的绿色技术创新激励，此时可以选用具有市场灵活性的弹性环境规制工具，比如环境税和可交易排污权等，鼓励企业通过绿色技术创新降低污染产生量与排放量。而对于污染控制较晚或者污染排放强度和能源消耗较高的行业，则需要加强行业准入的环境标准审核，严格执行清洁生产标准与污染排放标准，以源头控制与末端治理相结合的方式快速实现污染减排目标。

10.3.3 不断推进环境税改革

第一，制定环境税率浮动标准。中国环境税的征收正处于排污费向环境税过渡的"税负平移"阶段，税率水平低于污染排放水平。加之环境税的征收涉及地方政府与企业等各主体的利益，受到各方因素影响，环境税扭曲效应明显。随着环境保护的重要性越来越明显，环境税应逐步回归其本质效应，通过明确环境税率与污染排放水平的关系，建立与污染排放水平挂钩的浮动税率标准与办法，以环境税征收标准调整提高外部性内部化水平，既能够约束企业排污行为，激励企业污染减排动机，实现环境目标，又能够给地方政府足够的税率调节空间，制定与地方经济发展水平相适应的税率水平，实现地方经济与环境协调发展。

第二，实行差异化的污染治理措施。大气污染税率与水污染税率对绿色技术创新的影响之所以出现差异，是由于不同污染物产生的后果以及对企业创新资源挤占的过程不同。因此，在污染物治理时，要考虑不同污染物的治理方式与治理难度以及治理技术选择，针对不同的污染排放物制定并实施污染治理措施。以水污染治理为例，由于不存在绿色技术创新的激励，那么当污染物排放成本对企业创新资源具有直接挤出效应时，污染治理的重点应主要集中于末端治理，而不是采用绿色技术创新降低污染排放。而大气污染治理则可以根据大气污染税率的最优绿色技术创新激励点，致力于绿色技术的研发创新以达到治污减排的目的。

10.3.4 完善创新激励政策

第一，完善资源型产业政策体系。在我国现行的资源与环境产权制度下，企业缺乏绿色技术创新的内在激励，以政府行为为主导的研发补贴和行政命令型环境规制是外生力量影响企业行为，只能在短期内带动技术创新。从长期来看，应该逐步推进激励性、引导性政策实施，鼓励绿色发展和绿色技术创新投入，还应该把政策着力点放在激发企业内在创新动机上。比如环境税，通过税收减免和优惠条件鼓励企业技术创新。因此，降低政府直接干预、发挥市场对外部性的改善作用和创新资源配置能力是产业政策未来改革方向。通过产业政策和产权制度的激励性作用，促使企业在技术创新收益和资源环境外部性成本承担之间进行选择，鼓励各产业技术创新投入的增加与分配，增加绿色技术创新，降低环境负外部性产出，缓解代际外部性。

第二，推动绿色技术创新管理改革。根据产业绿色技术创新特征，通过产业绿色技术创新管理改革，发挥不同绿色技术创新激励机制的作用。当产业污染排放的税收成本较高时，企业往往更倾向于采取末端治理的方式迅速实现污染减排，以应对政府规制；而当产业环境税收成本相对较低时，仍然能够在创新资源与污染治理投入之间作出合理分配。因此，为了提高产业绿色技术创新水平，针对污染排放量较高的产业，政府应该采取合理措施，提高环境税的绿色技术减免力度，引导企业人、财、物等资源向绿色创新倾斜；而针对污染排放量较低的产业，则要加大市场准入的绿色技术标准，以及增加绿色技术创新补贴，推动清洁生产，降低污染排放的源头控制。

第三，完善产业创新环境。营造采矿行业创新环境，鼓励采矿方法创新，完善创新激励机制。根据非金属矿产采矿企业规模和能力，实施不同的创新激励标准，鼓励不同类型企业发挥创新潜能，增加研发投入。对于行业内关键技术与重大技术攻关，协调采矿企业研发合作与协同创新，以缩短技术研发周期，提高技术研发成功率，以技术创新推动采矿行业新旧动能转换。对于有助于提高开采率和综合利用率的绿色技术创新，根据技术适用范围设定政府补贴标准，提高政府补贴的针对性，推动绿色技术转化与推广。

10.3.5　强化不同规制政策的配合与协调

环境规制工具的实施应该同时考虑政府能源、人才、创新等政策给企业应对环境规制带来的影响。环境问题归根结底是经济发展方式的问题，环境问题的根本性解决不能就事论事，也不是一蹴而就的。对于企业而言，政府各项推动产业转型升级政策的实施均会带来成本投入与长短期收益的衡量。比如，政府同时实施创新补贴和环境税政策，企业在创新投入、创新收益与减排成本之间作出选择，如果补贴收益足以弥补创新投入，那么即使创新带来污染减排，环境税的政策效果也会被抵消，长远来看不利于环境污染控制与管理。应该充分考虑到各项政策间的叠加效应与抵消效应，结合政府长短期目标，通过评估政策的长短期叠加效果，保持各项政策实施效果的短期独立性与长期一致性。

制定绿色技术创新激励的配套政策，提高政策有效性。环境规制对绿色技术创新的激励有限，并且各类产业和企业控制污染的成本与收益存在差异，针对不同污染物的控制技术不同，环境规制标准也不同。单一的环境政策无法完全实现环境效应与技术创新激励的双重目标，需要与其他环境规制和创新政策形成叠加影响力。产权制度对采矿企业的影响是基础性的，而环境规制的作用则更为直接，因此，以政策手段影响采矿企业绿色技术创新行为需要结合不同规模与类型的采矿企业外部性问题予以实施，纠正并化解因环境税征收带来的减排成本增加和技术创新阻滞，通过政策引导，鼓励企业加大污染减排技术与污染治理技术的研发投入，以环境税和绿色技术创新激励政策，形成倒逼及激励的合力，促进技术进步与污染减排，提高污染治理效率。同时，环境规制不能"一刀切"，否则可能适得其反。对于具有绿色技术创新动力、技术水平较好或者技术创新投入较多的企业，要采用较为温和的规制方式，同时加大不创新企业的环境惩罚力度与规制强度。发挥不同规制手段与产权制度对采矿企业绿色技术创新影响的优势，扬长避短，查漏补缺，协同推动采矿业技术水平提高和生态环境建设。

10.4　研究不足与展望

绿色技术创新是当前中国经济转型发展的基本推动力，影响绿色技术创新的因素很多。不论从纵向发展来看，还是以横向研究为切入点，绿色技术创新都是一个既具有理论价值又有现实意义的话题。本书根据资源型产业的发展实际，给出了理论研究框架，并在理论模型和实证研究中给出了一些重要的结论。但是，由于理论模型的构建需要对现实经济运行进行抽象假设，受限于此，本书无法将不同资源种类的特殊情况全部纳入一般模型。比如，石油天然气的矿业权配置中，国有企业具有明显的先天优势，而非金属矿产资源的矿业权配置更倾向于市场化交易，非国有企业更容易获得采矿权；同时，不同种类的矿产资源在产业市场结构、规模经济性以及政府准入规制的实施标准等方面均存在较大差异，如果能够针对各种矿产资源种类，建立具有针对性的理论分析模型，则能够更加贴近资源型产业的实际情况，研究结论也会更有说服力，政策体系的制定也会更具有现实可操作性。

另外，政府规制与产业政策的应对方式是以企业为主体的，但是由于中国资源型产业的矿业权配置和环境规制相关数据缺乏企业层面的统计，并且相关数据的更新也相对滞后，因此难以从微观视角详细分析企业行为。尽管本书在第8章中匹配了微观数据库，并且在采矿权安全性的数据模拟中采用了2019年的采矿权交易数据，在一定程度上说明了一些问题，但是数据的局限性难免会影响到结论的全面性。

在本书研究的基础上，针对矿产资源种类、储量、市场结构等因素的重要作用，需要构建符合产业发展特点的理论分析模型，并结合实证检验开展进一步研究。比如，以矿产资源种类为依据细化政府矿业权规制与绿色技术创新的关系。或者从能源资源替代的角度上，未来还需要结合技术替代、新能源技术的发展以及资源型产业发展周期等问题研究绿色技术创新，为资源型产业绿色技术创新政策体系的进一步完善提供思路。再者，考虑到政府政策和规制的延续性和长期性，研究政策组合与政策叠加效应的长短期效应的差异性分析也是未来研究的切入点。

另外，本书在开展环境税率与绿色技术创新之间的关系研究时，没有考虑环境税收体系对绿色技术创新的影响效应。每个国家的环境税收体系包含多种税种，可能某些与环境有关的税种并不具备绿色技术创新的激励作用，也难以排除个别税种与绿色技术创新之间存在单一线性关系等。由于没有任何一个国家会采取单一的环境管理政策来研究各类环境规制的叠加效应以及影响因素，因此应进一步明确研究的方向，防止多重政策效应的"非此即彼"或"矫枉过正"，有助于优化环境管理政策体系。

参考文献

[1] 植草益. 微观规制经济学 [M]. 朱绍文, 等译. 北京: 中国发展出版社, 1992.

[2] 托马斯·思德纳. 环境与自然资源管理的政策工具 [M]. 张蔚文, 黄祖辉, 译. 上海: 上海人民出版社, 2005.

[3] 袁明鹏. 可持续发展理论与实践面临的困境 [J]. 科技进步与对策, 2002 (2): 8-9.

[4] 刘凤良, 郭杰. 资源可耗竭、知识积累与内生经济增长 [J]. 中央财经大学学报, 2002 (11): 64-67.

[5] 王海建. 耗竭性资源、R&D与内生经济增长模型 [J]. 系统工程理论方法应用, 1999 (8): 38-42.

[6] 于渤, 黎永亮. 考虑能源耗竭、污染治理的经济持续增长内生模型 [J]. 管理工程学报, 2006 (9): 12-17.

[7] 李冬冬, 杨晶玉. 基于增长框架的研发补贴与环境税组合研究 [J]. 科学学研究, 2015, 33 (7): 1026-1035.

[8] 方钦, 苏映雪, 李钧. 公共品的起源、论题与逻辑 [J]. 南方经济, 2017 (12): 5-30.

[9] [美] 巴泽尔. 产权的经济分析 (中译本) [M]. 费方域, 毅才, 译. 上海: 上海三联书店, 上海人民出版社, 1997.

[10] 董洁, 龙如银. 煤炭企业实施绿色开采的博弈分析及政策建议 [J]. 中国矿业, 2005, 14 (2): 17-20.

[11] 王忠, 周昱岑. 资源产权、政府竞争与矿业权规制策略 [J]. 中

国行政管理，2015（10）：129-134.

［12］王苪，黄茂兴. 产权界定规则与资源配置目标实现的数理分析［J］. 福建师范大学学报（哲学社会科学版），2017（4）：81-91.

［13］庄子罐，崔小勇，邹恒甫. 动态最优税收理论的一般分析框架［J］. 世界经济文汇，2009（3）：22-35.

［14］陈静，陈丽萍，汤文豪，等. 国际上自然资源国家所有权制度的特点及对我国的启示［J］. 国土资源情报，2018（7）：3-11.

［15］贺冰清. 矿产资源产权制度演进及其改革思考［J］. 中国国土资源经济，2016（6）：4-10.

［16］董洁，龙如银. 煤炭企业实施绿色开采的博弈分析及政策建议［J］. 中国矿业，2005，14（2）：17-20.

［17］王忠，揭俐. 基于矿业安全的矿权配置与管制政策［J］. 中国地质大学学报（社会科学版），2011，11（6）：38-43.

［18］王忠，揭俐，曾伟. 矿业权重叠对我国煤炭产业全要素生产率的非线性影响［J］. 中南财经政法大学学报，2017（5）：59-70.

［19］王忠，田家华，揭俐. 矿业权重叠引致了煤炭产业技术效率损失吗［J］. 中国人口·资源与环境，2018，28（3）：139-148.

［20］孙哲. 能源资源产权公平配置的现实意义：构建多元竞争性市场为切入点［J］. 吉首大学学报（社会科学版），2016，37（12）：13-15.

［21］司言武. 最优环境税税率确定研究［J］. 社会科学战线，2010（10）：234-237.

［22］唐明，明海蓉，最优税率视域下环境保护税以税治污功效分析：基于环境保护税开征实践的测算［J］. 财贸研究，2018（8）：83-93.

［23］王有兴，杨晓姝，周全林. 环境保护税税率与地区浮动标准设计研究［J］. 当代财经，2016（11）：23-31.

［24］王丹舟，周晓彤，林海鹏. 广东省水污染税税率模型构建与应用［J］. 生态经济，2017（8）：173-179.

[25] 宋冬林,赵新宇.不可再生资源生产外部性的内部化问题研究:兼论资源税改革的经济学分析[J].财经问题研究,2006(1):28-32.

[26] 徐晓亮,程倩,车莹,等.煤炭资源税改革对行业发展和节能减排的影响[J].中国人口·资源与环境,2015,25(8):77-83.

[27] 朱学敏,王强,李君华,等.资源税对煤炭产业生产效率影响的实证[J].中国石油大学学报,2014(4):5-9.

[28] 徐晓亮,吴凤平.引入资源价值补偿机制的资源税改革研究[J].中国人口·资源与环境,2011(7):107-112.

[29] 黄莉,徐晓航.资源税改革对陕西资源地区经济增长影响研究[J].西安石油大学学报,2013,22(1):11-15.

[30] 李绍荣,耿莹.中国的税收结构、经济增长与收入分配[J].经济研究,2005(5):118-126.

[31] 刘楠楠.煤炭资源税改革对煤炭产业发展的影响[J].税务研究,2015(5):49-54.

[32] 许建,雷婷.资源税改革对陕西省煤炭行业的影响[J].煤炭经济研究,2017,37(8):29-32.

[33] 冯严超,王晓红.环境规制对中国绿色经济绩效的影响研究[J].工业技术经济,2018(11):136-144.

[34] 陈东,陈爱贞.GVC嵌入、政治关联与环保投资:来自中国民营企业的证据[J].山西财经大学学报,2018(2):69-83.

[35] 谢智慧,孙养学,王雅楠.环境规制对企业环保投资的影响:基于重污染行业的面板数据研究[J].干旱区资源与环境,2018(3):12-16.

[36] 李强,田双双.环境规制能够促进企业环保投资吗?:兼论市场竞争的影响[J].北京理工大学学报(社会科学版),2016(4):1-8.

[37] 马珩,张俊,叶紫怡.环境规制、产权性质与企业环保投资[J].干旱区资源与环境,2016(12):47-52.

[38] 吉利,苏朦.企业环境成本内部化动因:合规还是利益?:来自重

污染行业上市公司的经验证据 [J]. 会计研究, 2016 (11): 69-76.

[39] 王晓红, 冯严超. 环境规制对中国循环经济绩效的影响 [J]. 中国人口·资源与环境, 2018, 28 (7): 136-146.

[40] 张晓娣, 孔圣矞. 基于 DSGE 模型的能源税征收最有环节选择: 产出型抑或投入型 [J]. 上海经济研究, 2019 (12): 56-67.

[41] 张倩. 波特假说框架下环境规制、技术创新与企业绩效关系的再审视 [J]. 财会通讯, 2018 (33): 58-62.

[42] 梁劲锐, 史耀疆, 席小瑾. 清洁生产技术创新、治污技术创新与环境规制 [J]. 中国经济问题, 2018 (6): 76-85.

[43] 陈沁. 我国自然资源产权制度安排的路径选择 [J]. 知识经济, 2016 (3): 15-16.

[44] 李嘉晨, 于立宏. 中国资源产业的企业国有化研究: 以我国 A 股上市公司为例 [J]. 上海经济研究, 2016 (9): 52-63.

[45] 于立宏, 李嘉晨. 双重外部性约束下中国资源型企业绩效研究 [J]. 中国人口·资源与环境, 2016, 26 (4): 63-72.

[46] 杨发明, 吕燕. 绿色技术创新的组合激励研究 [J]. 科研管理, 1998, 19 (1): 40-45.

[47] 王海建. 耗竭性资源、R&D 与内生经济增长模型 [J]. 系统工程理论方法应用, 1999 (8): 38-42.

[48] 于渤, 黎永亮. 考虑能源耗竭、污染治理的经济持续增长内生模型 [J]. 管理工程学报, 2006 (9): 12-17.

[49] 刘春丽, 杨雪. 环境税收、经济发展: 基于内生增长模型的分析 [J]. 怀化学院学报, 2014, 33 (4): 45-48.

[50] 李冬冬, 杨晶玉. 基于增长框架的研发补贴与环境税组合研究 [J]. 科学学研究, 2015, 33 (7): 1026-1035.

[51] 惠宁, 程思齐, 周宁. 自然资源、政府干预对经济增长影响的实证研究: 基于 2002-2011 年中国西北五省区面板数据 [J]. 西北大学学报

(哲学社会科学版),2013,43(6):61-67.

[52] 徐康宁,王剑.自然资源丰裕度与经济发展水平关系的研究[J]. 经济研究,2006,41(1):78-89.

[53] 邵帅,杨莉莉.自然资源丰裕、资源产业依赖与中国区域经济增长[J]. 管理世界,2010(9):26-44.

[54] 邵帅,杨莉莉.自然资源开发、内生技术进步与区域经济增长[J]. 经济研究(增),2011(2):112-123.

[55] 马媛,侯贵生,尹华.企业绿色创新驱动因素研究:基于资源型企业的实证[J]. 科学学与科学技术管理,2016,37(4):98-105.

[56] 周丽,雷丽霞,曹新奇,等.煤炭开采成本分析及外部性研究[J]. 煤炭经济研究,2009(9):14-15.

[57] 龙如银,董洁.煤炭企业实施绿色开采的博弈分析及政策建议[J]. 中国矿业,2015,24(2):17-20.

[58] 马媛,潘亚君.煤炭绿色开采技术推动策略研究:基于政府与企业的演化博弈视角[J]. 中国矿业,2019,28(10):97-101+108.

[59] 卢方元.环境污染问题的演化博弈分析[J]. 系统工程理论与实践,2007(9):148-152.

[60] 生延超.环保创新补贴和环境税约束下的企业自主创新行为[J]. 科技进步与对策,2013,30(15):111-116.

[61] 范丹,梁佩凤,刘斌,等.中国环境税费政策的双重红利效应:基于系统GMM与面板门槛模型的估计[J]. 中国环境科学,2018,38(9):3576-3583.

[62] 武亚军,宣晓伟.环境税经济理论及对中国的应用分析[M]. 北京:经济科学出版社,2002.

[63] 原毅军,刘柳.环境规制与经济增长:基于经济型规制分类的研究[J]. 经济评论,2013(1):27-33.

[64] 徐成龙.环境规制下产业结构调整及其生态效应研究:以山东省

为例 [M]．北京：经济科学出版社，2021．

[65] 沈能，刘凤朝．高强度的环境规制真能促进技术创新吗？：基于"波特假说"的再检验 [J]．中国软科学，2012（4）：49-58．

[66] 李斌，彭星，欧阳铭珂．环境规制、绿色全要素生产率与中国工业发展方式转变：基于36个工业行业数据的实证研究 [J]．产业经济，2013（4）：56-68．

[67] 刘和旺，郑世林，王宇锋．环境规制阻碍了中国企业技术创新吗 [J]．产业经济评论，2016（5）：91-104．

[68] 乐菲菲，张金涛．环境规制、政治关联丧失与企业创新效率 [J]．新疆大学学报（哲学·人文社会科学版），2018，46（5）：16-24．

[69] 景维民，张璐．环境管制、对外开放与中国工业的绿色技术进步 [J]．经济研究，2014（9）：34-47．

[70] 尤济红，王鹏．环境规制能否促进R&D偏向于绿色技术研发？：基于中国工业部门的实证研究 [J]．经济评论，2016（3）：26-38．

[71] 李寿德，黄桐城．环境政策对企业技术进步的影响 [J]．科学学与科学技术管理，2004（5）：68-72．

[72] 曾世宏，王小艳．环境政策工具与技术吸收激励：差异性、适应性与协同性 [J]．产业经济评论，2014（1）：105-118．

[73] 贾军，张伟．绿色技术创新中路径依赖及环境规制影响分析 [J]．科学学与科学技术管理，2014（5）：44-52．

[74] 李停．市场结构、环境规制工具与R&D激励 [J]．中国经济问题，2016（4）：109-123．

[75] 钱丽，肖仁桥，陈忠卫．我国工业企业绿色技术创新效率及其区域差异研究：基于共同前沿理论和DEA模型 [J]．经济理论与经济管理，2015（1）：26-43．

[76] 刘艳，张健．中国制造业绿色全要素生产率与节能减排潜力研究：基于完全市场有效的随机前沿分析 [J]．经济界，2018（11）：9-16．

[77] 陈晓, 车治铬. 中国区域经济增长的绿色化进程研究 [J]. 上海经济研究, 2018 (7): 43-53.

[78] 温湖炜, 周凤秀. 环境规制与中国省域绿色全要素生产率: 兼论对《环境保护税法》实施的启示 [J]. 干旱区资源与环境, 2019, 33 (2): 9-15.

[79] 申晨, 贾妮莎, 李炫榆. 环境规制与工业绿色全要素生产率: 基于命令—控制型与市场激励型规制工具的实证分析 [J]. 研究与发展管理, 2017, 29 (2): 144-155.

[80] 黄庆华, 胡江峰, 陈习定. 环境规制与绿色全要素生产率: 两难还是双赢 [J]. 中国人口·资源与环境, 2018, 28 (11): 140-150.

[81] 刘小玄, 李利英. 改制对企业绩效影响的实证分析 [J]. 中国工业经济, 2005 (3): 5-12.

[82] 白重恩, 路江涌, 陶志刚. 国有企业改制效果的实证研究 [J]. 经济研究, 2006 (8): 4-13, 69.

[83] 廖红伟, 丁方. 产权多元化对国企经济社会绩效的综合影响: 基于大样本数据的实证分析 [J]. 社会科学研究, 2016 (6): 29-36.

[84] 刘春, 孙亮. 政策性负担、市场化改革与国企部分民营化后的业绩滑坡 [J]. 财经研究, 2013 (1): 71-81.

[85] 吴延兵. 不同所有制企业技术创新能力考察 [J]. 产业经济研究, 2014 (2): 53-64.

[86] 任毅, 丁黄艳. 我国不同所有制工业企业经济效率的比较研究 [J]. 产业经济研究, 2014 (1): 103-111.

[87] 吴利华, 申振佳. 产业生产率变化: 企业进入退出、所有制与政府补贴: 以装备制造业为例 [J]. 产业经济研究, 2013 (4): 30-39.

[88] 李长青, 周伟铎, 姚星. 我国不同所有制企业技术创新能力的行业比较 [J]. 科研管理, 2014, 35 (7): 75-84.

[89] 李博, 李启航. 经济发展、所有制结构与技术创新效率 [J]. 中

国科技论坛,2012(3):29-36.

[90] 李健. 产权结构变迁和中国创新能力[J]. 中国科技论坛,2018(2):30-37.

[91] 林伯强,杜克锐. 理解中国能源强度的变化:一个综合的分析框架[J]. 世界经济,2014(4):69-87.

[92] 齐绍洲,王班班. 开放条件下的技术进步、要素替代和中国能源强度分解[J]. 世界经济研究,2013(9):3-9.

[93] 董直庆,赵景. 不同技术来源、技术进步偏向性与能源强度[J]. 东南大学学报(哲学社会科学版),2017,19(5):102-113.

[94] 王班班,齐绍洲. 有偏技术进步、要素替代与中国工业能源强度[J]. 经济研究,2014(2):115-127.

[95] 陈晓玲,徐舒,连玉君. 要素替代弹性、有偏技术进步对我国工业能源强度的影响[J]. 数量经济技术经济研究,2015(3):58-76.

[96] 李斌,赵新华. 经济结构、技术进步与环境污染:基于中国工业行业数据的分析[J]. 财经研究,2011,37(4):1-9.

[97] 修静. 工业技术进步的绿色偏向性测度:资本与劳动[J]. 改革,2016(9):68-78.

[98] 于立宏,孔令丞. 产业经济学[M]. 北京:北京大学出版社,2017.

[99] 李振军. 论有效竞争问题[J]. 当代经济,2007(3):30-31.

[100] 郁义鸿,管锡展. 产业链纵向控制与经济规制[M]. 上海:复旦大学出版社,2006.

[101] 郁义鸿,张华祥. 电力改革对产业链运营绩效的影响分析[J]. 财经问题研究,2014(8):26-32.

[102] 郁义鸿. 产业链类型与产业链效率基准[J]. 中国工业经济,2005(11):35-42.

[103] 凌超,郁义鸿. 产业链纵向结构与创新扶持政策指向:以中国汽

车产业为例［J］．经济与管理研究，2015，36（2）：74-80．

［104］郁义鸿．市场界定、市场过程与市场效率：反垄断规制的理论依据与实施难点［J］．产业组织评论，2011（2）：6-15．

［105］范玉仙，袁晓玲．R-SCP框架下政府规制改革对中国电力行业技术效率的影响［J］．大连理工大学学报（社会科学版），2016，37（3）：27-33．

［106］杨莉．基于R-SCP框架的我国发电市场的产业组织分析［J］．学术交流，2009（12）：170-174．

［107］王冰，黄岱．市场结构、市场行为、市场绩效范式框架下的政府管制理论及其对我国的借鉴作用［J］．山东社会科学，2005（3）：56-60．

［108］白让让，郁义鸿．价格与进入管制下的边缘性进入：一个理论模型分析［J］．经济研究，2004（9）：70-81．

［109］鹿娜，梁丽萍．多产业两阶段科技创新效率评价与比较研究［J］．武汉理工大学学报：社会科学版，2018，31（1）：84-89．

［110］杨茜淋．我国工业分行业全要素生产率估计［J］．商业经济研究，2013（16）：115-117．

［111］陈超凡．中国工业绿色全要素生产率及其影响因素：基于ML生产率指数及动态面板模型的实证研究［J］．统计研究，2016，33（3）：53-62．

［112］赵萌．中国煤炭企业的全要素生产率增长［J］．统计研究，2011，28（8）：55-62．

［113］王克强，武英涛，刘红梅．中国能源开采业全要素生产率的测度框架与实证研究［J］．经济研究，2013，48（6）：127-140．

［114］陈阳，唐晓华．制造业集聚对城市绿色全要素生产率的溢出效应研究：基于城市等级视角［J］．财贸研究，2018（1）：1-15．

［115］陈阳，唐晓华．制造业集聚和城市规模对城市绿色全要素生产率的协同效应研究［J］．南方经济，2019（3）：71-89．

［116］齐绍洲，徐佳．贸易开放对"一带一路"沿线国家绿色全要素生产率的影响［J］．中国人口·资源与环境，2018，28（4）：134-144．

[117] 李维明,高世楫. 经合组织关于绿色全要素生产率核算方法的探索及启示 [J]. 发展研究, 2018 (7): 52-57.

[118] 陈诗一. 中国工业分行业统计数据估算: 1980—2008 [J]. 经济学(季刊), 2011, 10 (3): 735-776.

[119] 茅于轼,等. 煤炭的真实成本 [M]. 北京: 煤炭工业出版社, 2008.

[120] 周吉光,丁欣. 河北省矿产资源开采造成的环境损耗的经济计量 [J]. 资源与产业, 2012, 14 (6): 148-155.

[121] 潘伟尔,王勇. 真实的煤炭成本与公平的煤炭成本: 与《煤炭的真实成本》作者茅于轼先生等商榷 [J]. 中国能源, 2009, 31 (5): 30-32.

[122] 徐幼民等湖南大学课题组. 论技术创新状况的经济评价指标 [J]. 财经理论与实践, 2014, 35 (189): 121-124.

[123] 黄速建,肖红军,王欣. 论国有企业高质量发展 [J]. 中国工业经济, 2018 (10): 19-41.

[124] 余凤鬻. 转型期国有企业自主创新动力问题的探索 [J]. 科技管理研究, 2008, 28 (8): 9-10.

[125] 黄速建,余菁. 国有企业的性质、目标与社会责任 [J]. 中国工业经济, 2006 (2): 68-76.

[126] 程俊杰,章敏,黄速建. 改革开放四十年国有企业产权改革的演进与创新 [J]. 经济体制改革, 2018 (5): 85-92.

[127] 高德步. 创新驱动: 国有企业战略目标与定位的再思考 [J]. 中国特色社会主义研究, 2018 (1): 14-21.

[128] 许勤华,王进,白俊,等. 2017油气企业全球竞争力评估研究 [J]. 石油科技论坛, 2018 (1): 48-54.

[129] 罗小民,杜久钲. 论矿产资源产权法律意识和制度选择 [J]. 中国国土资源经济, 2018 (7): 19-24.

[130] 陈军,成金华. 完善我国自然资源管理制度的系统架构 [J]. 中

国国土资源经济,2016(1):42-45.

[131] 李显冬,杨城.关于《矿产资源法》修改的若干问题[J].中国国土资源经济,2013(4):4-9.

[132] 晏波.矿业权交易效率与矿业权交易中心角色定位[J].中国矿业,2009,18(11):25-28.

[133] 董金明.论自然资源产权的效率与公平:以自然资源国家所有权的运行为分析基础[J].经济纵横,2013(4):7-13.

[134] 龙如银,董洁.煤炭企业实施绿色开采的博弈分析及政策建议[J].中国矿业,2015,24(2):17-20.

[135] 卢方元.环境污染问题的演化博弈分析[J].系统工程理论与实践,2007(9):148-152.

[136] 洪开荣,孙倩,等.经济波舆论前沿专题[M].北京:经济科学出版社,2012.

[137] 郭进.环境规制对绿色技术创新的影响:"波特效应"的中国证据[J].财贸经济,2019,40(3):149-162.

[138] 张倩.波特假说框架下环境规制、技术创新与企业绩效关系的再审视[J].财会通讯,2018(33):58-62.

[139] 郑石明,罗凯方.大气污染治理效率与环境政策工具选择:基于29个省市的经验证据[J].中软科学,2017(9):184-192.

[140] 张璐,王崇.研究企业污染治理行为中的"经济人"到"生态人"的转变[J].西南大学学报(自然科学版),2018,39(12):105-110.

[141] 韩国高.环境规制、技术创新与产能利用率:兼论"环保硬约束"如何有效治理产能过剩[J].当代经济科学,2018,40(1):84-94.

[142] 何蕾.中国工业行业产能利用率测度研究:基于面板协整的方法[J].产业经济研究,2015,(2):90-99.

[143] 简泽.企业间的生产率差异、资源再配置与制造业部门的生产率[J].管理世界,2011(5):11-23.

[144] 朱平芳, 徐伟民. 政府的科技激励政策对大中型工业企业 R&D 投入及其专利产出的影响 [J]. 经济研究, 2003, (6): 45-53.

[145] 郑洁, 付才辉, 赵秋运. 发展战略与环境治理 [J]. 财经研究, 2019, 45 (10): 4-20, 37.

[146] 金成晓, 张东敏, 王静敏. 最优环境税、影响因素及配套政策效果研究 [J]. 山东大学学报（哲学社会科学版）, 2018 (3): 39-49.

[147] 钟茂初, 姜楠. 政府环境规制内生性的再检验 [J]. 中国人口·资源与环境, 2017, 27 (12): 70-78.

[148] 范子英, 赵仁杰. 法制强化能够促进污染治理吗：来自环保法庭设立的证据 [J]. 经济研究, 2019 (3): 21-37.

[149] 秦昌波, 王金南, 葛察忠, 等. 征收环境税对经济和污染排放的影响 [J]. 中国人口·资源环境, 2015, 25 (1): 17-23.

[150] 梁若莲. 应对共同的挑战, OECD 成员国绿色税收体系的启示 [J]. 中国税务, 2016 (7): 24-26.

[151] 任雅娟, 李晓琼, 高树婷, 等. OECD 国家环境税征收范围更广 [J]. 环境经济, 2017 (10): 22-27.

[152] 何平林, 乔雅, 宁静, 等. 环境税双重红利效应研究：基于 OECD 国家能源和交通税的实证分析 [J]. 中国软科学, 2019 (4): 33-49.

[153] 饶友玲, 刘子鹏. 西方国家绿色税收实践对我国绿色税收改革的借鉴意义 [J]. 经济论坛, 2017 (7): 147-152.

[154] 闫云凤, 王苒, 范庆文. 中美环境税制度的比较与启示 [J]. 城市与环境研究, 2018 (4): 83-94.

[155] 熊维勤. 税收对国家创新效率的影响 [J]. 山西财经大学学报, 2013, 35 (3): 12-21.

[156] 钟祖昌. 研发创新 SBM 效率的国际比较研究：基于 OECD 国家和中国的实证分析 [J]. 财经研究, 2011, 37 (9): 80-90.

[157] 王海峰, 罗亚非, 范小阳. 基于超效率 DEA 和 Malmquist 指数的

研发创新评价国际比较 [J]. 科学学与科学技术管理, 2010 (4): 42 - 49.

[158] Daly, H E. Toward some operational principles of sustainable development [J]. Ecological Economics, 1990, 2 (1): 1 - 6.

[159] Barbier, E B. The concept of sustainable development [J]. Environmental Conservation, 1987, 14 (2): 101 - 110.

[160] Giuseppe M. Environmental economics, ecological economics, and the concept of sustainable development [J]. Environmental Values, 1997, 6 (2): 213 - 233.

[161] Hotelling H. The ecomomics of exhaustible resources [J]. The Journal of Political Economy, 1930, 39 (2): 137 - 175.

[162] Romer P. Increasing returns and long run growth [J]. Journal of Political Economy, 1986, 94 (5): 1002 - 1037.

[163] Romer P. Endogenous technological change [J]. Journal of Political Economy, 1990 (98): 71 - 102.

[164] Lucas R. On the mechanics of economic development [J]. Journal of Monetary Economics, 1988, 22 (1): 3 - 21.

[165] Coase, R H. The problem of social cost [J]. Journal of Law and Economics, 1960, 3 (1): 1 - 44.

[166] Acemoglu D. Johnson S. Unbundling institutions [J]. Journal of Political Economy, 2005, 113 (5): 949 - 995.

[167] Laing T. Rights to the forest, REDD + and elections: mining in Guyana [J]. Resources Policy, 2015 (46): 250 - 261.

[168] Acemoglu, D., S. Johnson. Unbundling institutions [J]. Journal of Political Economy, 2005, 113 (5): 949 - 995.

[169] Grainger, C., Costello. C. Capitalizing property rights insecurity in natural resource assets [J]. Journal of Environmental Economics and Management, 2014, 67 (2): 224 - 40.

[170] Besley, T. Property rights and investment incentives: Theory and evidence from Ghana [J]. The Journal of Political Economy, 1995, 103 (5): 903 – 937.

[171] Christopher Costello, Corbett Grainger. Property rights, regulatory capture, and exploitation of natural resources [J]. Working paper 20859. National Bureau of Economic Research, Cambridge, 2015.

[172] Jacoby, Hanan G., Li, Guo, Rozelle, Scott. Hazards of expropriation: Tenure insecurity and investment in rural China [J]. American Economic Review, 2002, 92 (5): 1420 – 1447.

[173] Haber, Stephen, Maurer, Noel, Razo, Armando. When the law does not matter: The rise and decline of the Mexican oil industry [J]. Journal of Economic History, 2003, 63 (1): 1 – 32.

[174] Cole D H. Pollution and property: Comparing ownership institutions for environmental protection [M]. Cambridge University Press, 2002.

[175] Araujo, C. et al. Property rights and deforestation in the Brazilian Amazon [J]. Ecological Economics, 2009, 68: 8 – 9.

[176] Bohn. Henning, Deacon. Robert T. Ownership risk, investment and the use of natural resources [J]. American Economic Review., 2000, 90 (3): 526 – 549.

[177] Christopher J. Costello, Daniel Kaffine. Natural resource use with limited-tenure property rights [J]. Journal of Environmental Economics and Management, 2008 (5): 20 – 36.

[178] Bovenberg, Lans, De Mooij, Ruud A. Environmental levies and distortionary taxation [J]. American Economics Review, 1994, 84 (4): 1085 – 1089.

[179] Terkla, D. The efficiency value of effluent tax revenues [J]. Journal of Environmental Economics and Management, 1984, 11 (2): 107 – 123.

[180] Pearce, D. The role of carbon taxes in adjusting to global warming

[J]. The Economic Journal, 1991, 101 (407): 938-948.

[181] Gremer, H. Gahacari, F. Ladoux, N. Externalities and optimal taxation [J]. Journal of Public Economics, 2001, 70 (3): 343-364.

[182] Arikan, Y. Kumbaroglu, G. Endogenising emission taxes: A general equilibrium type optimization model applied for Turkey [J]. Energy Policy, 2007, 29 (12): 1045-1056.

[183] Ramsey, F. P. A contribution to the theory of taxation [J]. Economic Journal, 1927, 37 (145): 47-61.

[184] Diamond, P. A many person Ramsey tax rule [J]. Journal of Public Economics, 1975, 4 (4): 335-342.

[185] Atkinson, A. B, J. E. Stiglitz. Lectures on public economic [M]. Maidenhead UK: Mcgraw Hill Book Company Ltd, 1980.

[186] Lucas, R. E., N. Stokey. Optimal fiscal and monetary policy in an economy without capital [J]. Journal of Monetary Economics, 1983, 12 (1): 55-93.

[187] Pal R, Saha B. Pollution tax, partial privatization and environment [J]. Resource and Energy Economics, 2015 (4): 19-35.

[188] Xu L, Cho S, Lee S H. Emission tax and optimal privatization in Cournot-Bertrand comparison [J]. Economic Modelling, 2016, 55: 73-82.

[189] Canton J, Soubeyran A, Staha H. Environmental taxation and vertical Cournot Oligopolies: How eco-industries matter [J]. Environmental and Resource Economics, 2008, 40 (3): 369-382.

[190] Owen A D. Economics instruments for pollution abatement: Tradable permits versus carbon taxes [M]. Energy economics and financial markets. Berlin: Springer Berlin Heidelberg, 2013.

[191] Ikefuji M, Itaya J, Okamura M. Optimal emission tax with endogenous location choice of duopolistic firms [J]. Environmental and Resource Economics, 2016, 65 (2): 463-485.

[192] Sartzetakis E. S., Xepapadeas A., Petrakis E. The role of information provision as a policy instrument to supplement environmental taxes [J]. Environmental and Resource Economics, 2012, 52 (3): 347 - 368.

[193] Schwartz J, Repetto R. Non-separable utility and the double dividend debate: Reconsidering the tax-interaction effect [J]. Environmental & Resource Economics, 2000, 15 (2): 149 - 157.

[194] Milliman S. R., R. Prince. Firm incentive to promote technological change in pollution control [J]. Journal of Environmental Economics & Management, 1989, 17 (3): 247 - 265.

[195] Ohori S. Environmental tax and public ownership in vertically related markets [J]. Journal of Industry competition & trade, 2012, 12 (2): 169 - 176.

[196] Engström, G., Gars, J. Climatic tipping points and optimal fossil-fuel use [J]. Environmental and Resource Economics, 2016, 65 (3), 541 - 571.

[197] Golosov, M., Hassler, J., Krusell, P., Tsyvinski, A. Optimal taxes on fossil fuel in general equilibrium [J]. Econometrica, 2014, 82 (1), 41 - 88.

[198] Baumol W J. Envrionmental levis and distortionary taxation [J]. American Economic Review, 1974, 84 (4): 1085 - 1089.

[199] Karp L. Nonpoint source pollution taxes and excessive tax burden [J]. Envrionmental & Resource Economics, 2005, 31 (2): 229 - 251.

[200] Liu, A. A. Tax evasion and optimal environmental taxes [J]. Journal of Environmental Economics and Management, 2013, 66 (3): 656 - 670.

[201] André, F. J., Cardenete, M. A., Velázquez, E. Performing an environmental tax reform in a regional economy [J]. A computable general equilibrium approach. The Annals of Regional Science, 2005, 39 (2), 375 - 392.

[202] Dubois, M., Eyckmans, J. Efficient waste management policies and strategic behavior with open borders [J]. Environmental and resource economics,

2015, 62 (4), 907-923.

[203] Ingmar Schumacher, Benteng Zou. Pollution perception: A challenge for intergeneration equity [J]. Journal of Environmental Economics and Management, 2008 (55): 296-309.

[204] Margaret E Slade. The effects of higher energy prices and declining ore quality: Copper-aluminium substitution and recycling in the USA [J]. Resource Policy, 1980 (3): 223-230.

[205] Dasgupta P, Heal G, Stiglitz J E. On the taxation of exhaustible resources [J]. Public Policy and the Tax System, 1982, 25 (3): 432-497.

[206] Hung N M, Qu Yen, NV specific or ad valorem tax for an exhaustible resource [J]. Economics Letters, 2009 (102): 132-134.

[207] Ian W. H Parry, Kenneth A. Small. Does Britain or the United States have the right gasoline tax? [J]. The American Economic Review, 2005 (4): 1276-1289.

[208] C. Y. Cynthia Lin Lea Prince. The optimal gas tax for California [J]. Energy Policy, 2009 (37): 5173-5183.

[209] Philip Daniel, Michael Keen, Charles Mcpherson. The taxation of Petroleum and minerals: Principles, Problem and Practice [M]. Tylor & Francis Group, 2010.

[210] Masayuki S. Pollution abatement efforts: A regional analysis of the Chinese industrial sector [J]. Journal of Chinese Economic and Business Studies, 2016: 1-23.

[211] Tu Z. J., Shen R. J. Can China's industrial SO_2 emissions trading pilot scheme reduce pollution abatement costs? [J]. Sustainability, 2014 (6): 7621-7645.

[212] Kemfert C. Induced technological change in a multi-regional, multi-sectoral, integrated assessment model (WIAGEM): Impact assessment of climate

policy strategies [J]. Ecological Economics, 2005, 54 (2-3): 293-305.

[213] Farzin, Y. H., Kort P. M. Pollution abatement investment when environmental regulation is uncertain [J]. Journal of Public Economic Theory, 2000, 2 (2): 183-212.

[214] Heyes A., Kapur S. Regulatory attitudes and environmental innovation in a model combining internal and external R&D [J]. Journal of Environmental Economics and Management, 2011 (61): 327-340.

[215] Schmidt, T. S. et al. The effects of climate policy on the rate and direction of innovation: A survey of the EU ETS and the electricity sector [J]. Environmental Innovation and Societal Transitions, 2012 (2): 23-48.

[216] Wang H., Chen M. How the Chinese system of charges and subsidies affects pollution control efforts by China's top industrial polluters [J]. Policy Research Working Paper, 2010.

[217] Jiachen Li, Lihong Yu. Double externalities, market structure and performance: An empirical study of Chinese unrenewable resource industries [J]. Journal of Cleaner Production, 2016, 126: 299-307.

[218] Jiachen Li, Lihong Yu. How does state-owned shares affect double externalities and industrial performance: Evidence from China's exhaustible resources industry [J]. Journal of Cleaner Production, 2018 (176): 920-928.

[219] Chang, J. J., Chen, J. H., Shieh, J. Y., Lai, C. C. Optimal tax policy, market imperfections, and environmental externalities in a dynamic optimizing macro model [J]. Journal of Public Economic Theory, 2009, 11 (4): 623-651.

[220] Terkla, D. The efficiency value of effluent tax revenues [J]. Journal of Environmental Economics and Management, 1984, 11 (2): 107-123.

[221] Pearce, D. The role of carbon taxes in adjusting to global warming [J]. The Economic Journal, 1991, 101 (407): 938-948.

[222] Endres Alfred, Friehe Tim. The monopolistic polluter under environmental liability law: Incentives for abatement and R&D [J]. Sco Choice Welf, 2013 (40): 753 -770.

[223] Downing P. B., White L. J. Innovation in pollution control [J]. Journal of Environmental Economics and Management, 1986 (13): 18 -19.

[224] Dragone Davide, Lambertini Luca, Palestini Arsen. The incentive to invest in environmental-friendly technologies: Dynamics makes a difference [J]. Springer Berlin Heidelberg, 2013 (14): 16.

[225] Hattori Keisuke. Optimal combination of innovation and environmental policies under technology licensing [J]. Economic Modelling, 2017 (64): 601 - 609.

[226] Mendelsohn Robert, Endogenous technical change and environmental regulation [J]. Journal of Environmental Economics and Management, 1984 (11): 202 -207.

[227] Rene Kemp, Serena Pontoglio. The innovation effects of environmental policy instruments: A typical case of the blind men and the elephant? [J]. Ecological Economics, 2011 (72): 28 -36.

[228] Magnani, E. The Environmental Kuznets Curve, environmental protection policy and income distribution [J]. Ecological economics, 2000, 32 (3): 431 -443.

[229] Porte M E, Linder C V D. Toward a new conception of the environment-competitiveness relationship [J]. The Journal of Economic Perspectives, 1995, 9 (4): 97 -118.

[230] Jaffe A B, Palmer K. Environmental regulation and innovation: A panel data study [J]. The Review of Economics and Statistics, 1997, 79 (4): 610 -619.

[231] Lambertini L, Tampieri A. Vertical differentiation in a Cournot indus-

try: The Porter hypothesis and beyond [J]. Resource and Energy Economics, 2012, 34 (3): 374-380.

[232] Berman E., Bui L. Environmental regulation and productivity: Evidence from oil refineries [J]. The Review of Economics and Statistic, 2001, 88 (3): 498-510.

[233] Lanoie P, Lucchetti J, Johnstone N, Ambec S. Environmental policy, innovation and performance: New insights on the Porter Hypothesis [J]. Journal of Economics and Management Strategy, 2011 (20): 42-803.

[234] Hui Wang, Huayu Shen, Xiaoyi Tang, et al. Trade policy uncertainty and firm risk taking [J]. Economic Analysis and policy, 2021 (70): 351-364.

[235] Requate, T. W. Unold. Environmental policy incentives to adopt advanced abatement technology: Will the true ranking please stand up [J]. European Economics Review, 2003, 47 (1): 125-146.

[236] Krysiak, F. C. Environmental regulation, technological diversity and the dynamic of technological change [J]. Journal of Economics Dynamic and Control, 2011, 35 (4): 528-544.

[237] Acemoglu, Daron, Philippe Aghion, Leonardo Bursztyn, David Hemous. The environment and directed technical change [J]. American Economic Review, 2012, 102 (1): 131-166.

[238] Dales, J. H. Land, water and ownership [J]. Canadian Journal of Economics, 1968 (1): 791-804.

[239] Dales, J. H. Pollution, property and price [M]. Toronto, Canada: University of Toronto Press, 1968.

[240] Montgomery, W. E. Markets in licenses and efficient pollution control programs [J]. Journal of Economic Thoery, 1972 (5): 395-418.

[241] Magat W. A. Pollution control and technological advance: A dynamic model of the firm [J]. Journal of Environmental Economics & Managements,

1978, 5 (1): 1-25.

[242] Tietenberg T. H. Tradeable permits for pollution control when emission location matters: What have we learned [J]. Environmental & Resource Economics, 1995, 5 (2): 95-113.

[243] Parry I. W. H. Pollution regulation and the efficiency gains from technological innovation [J]. Journal of Regulatory Economics, 1998, 14 (3): 229-254.

[244] Requate, T. Incentives to innovate under emission taxes and tradable permits [J]. European Journal of Political Economy, 1998, 14: 139-165.

[245] Malueg D. A. Emission credit trading and the incentive to adopt new pollution abatement technology [J]. Journal of Environmental Economics & Management, 1989, 16 (1): 52-57.

[246] Milliman S. R., R. Prince. Firm incentive to promote technological change in pollution control [J]. Journal of Environmental Economics & Management, 1989, 17 (3): 247-265.

[247] Fudenberg D., J. Tirole. The fat-cat effect, the puppy-dog ploy and lean and hungry look [J]. American Economics Review, 1984, 74 (2): 361-366.

[248] Schmidt, T. S. Schneider M. Rogge, K. S. Schuetz, J. A. Hoffmann, V. H. The effects of climate policy on the rate and direction of innovation: A survey of the EU ETS and the electricity sector [J]. Environmental Innovation and Societal Transitions, 2012 (2): 23-48.

[249] Singh, R. K. Yabar, H. Nozaki, N. Niraula, B. Mizunoya, T. Comparative study of linkage between environmental policy instruments and technological innovation: Case study on end-of-life vehicles technologies in Japan and EU [J]. Waste Management, 2017 (66): 114-122.

[250] Kusz J. Integrating environmental goals and the product development

process [C]. The design actions and resources for the environment conference proceedings. Boston, Mass, USA, 1991: 8 – 9.

[251] Zhou KZ, Gao GY, Zhao H. State ownership and firm innovation in China: An integrated view of institutional and efficiency logics [J]. Administrative Sciency Quarterly, 2017, 62 (2).

[252] Choi SB, Park BI, Hong P. Does ownership structure matter for firm technological innovation performance? The case of Korean firms [J]. Corporate Governance and International Review, 2012, 20 (3): 267 – 288.

[253] Choi SB, Lee SH, Williams C. Ownership and firm innovation in a transition economy: evidence from China [J]. Research Policy, 2011, 40 (3): 441 – 452.

[254] Hao Xiong, Zuofeng Wu, Fei Hou, Jun Zhang. Which firm-specific characteristics affect the market reaction of Chinese listed companies to the COVID – 19 pandemic [J]. Emerging Markets Finance and Trade, 2020, 56 (10): 2231 – 2242.

[255] Hicks J. The theory of wages [M]. McMillian, 1932.

[256] Acemoglu D. Directed technical change [J]. The Review of Economic Studies, 2002, 69 (4): 781 – 809.

[257] Jaffe A B, Newell R G, Stavins R N. Technological change and the environment [J]. Handbook of Environmental Economics, 2003 (1): 461 – 516.

[258] Jorgenson D W. Energy prices and productivity growth [J]. The Scandinavian Journal of Economics, 1981: 165 – 179.

[259] Hogen W W, Jorgenson D W. Productivity trends and the cost of reducing CO2 emissions [J]. The Energy Journal, 1991: 67 – 85.

[260] Newell R G, Jaffe A B, Stavins R N. The induced innovation hypothesis and energy-saving technological change [J]. The Quarterly Journal of Economics, 1999, 114 (3): 941 – 975.

[261] Ma H, Oxley L, Gibson J, et al. China's energy economy: Technical change, factor demand and interfactor/interfuel substitution [J]. Energy Economics, 2008, 30 (5): 2167-2183.

[262] Yuan C, Liu S, Wu J. Research on energy-saving effect of technological progress based on Cobb-Douglas production function [J]. Energy Policy, 2009, 37 (8): 2842-2846.

[263] Popp D C. The effect of new technology on energy consumption [J]. Resource and Energy Economics, 2001, 23 (3): 215-239.

[264] Welsch H, Ochsen C. The determinants of aggregate energy use on West Germany: Factor substitution, technological change, and trade [J]. Energy Economics, 2005, 27 (1): 93-111.

[265] Libecap, G D. The tragedy of the commons: Property rights and markets as solutions to resource and environmental problems [J]. The Australian Journal of Agricultural and Resource Economics, 2007 (53): 129-144.

[266] Andreano, R L, Warner, S L. Professor Bain and barriers to new competition [J]. Journal of Industrial Economics, 1958, 7 (3): 66-76.

[267] Scherer, F M., Ross, D. Industrial market structure and economic performance [M]. Boston: Houghton Mifflin, 1990.

[268] Persson. T, Tabellini G. Democracy and development: The devil in the details [J]. Levine's Bibliography, 2006.

[269] Xose Anton Rodriguez, Carlos Arias. The effect of resource depletion on coal mining productivity [J]. Energy Economics, 2008, 30 (2): 397-408.

[270] Solminihac D, Hernán, Gonzales LE, Cerda R. Copper mining productivity: Lessons from Chile [J]. Journal of Policy Modeling, 2018, 40.

[271] Cull, R., L. C. Xu. Institutions, ownership and Finance: The determinants of profit reinvestment among Chinese firms [J]. Journal of Financial Economics, 2005, 77 (7): 117-146.

[272] Arrow, Kenneth J. Economic welfare and the allocation of resources for invention [J]. 1996, 70 (1): 227-244.

[273] J Bughin, JM Jacques. Managerial efficiency and the Schumpeterian link between size, market structure and innovation revisited [J]. Research Policy, 1994, 23 (6): 653-659.

[274] Chen S, Feng Y, Lin C, et al. Innovation efficiency evaluation of new and high technology industries based on DEA-Malmquist index [J]. Journal of Interdisciplinary Mathematics, 2017, 20 (6-7): 1497-1500.

[275] Devereux M P, Lockwood B, Redoano M. Horizontal and vertical indirect tax competition: Theory and some evidence from the USA [J]. Journal of Public Economics, 2007, 91 (3-4): 451-479.

[276] Dppley G, Leddin A. Perspectives on mineral policy in Ireland [J]. Resources Policy, 2005, 30 (3): 194-202.

[277] Libecap G D. The tragedy of the commons: property rights and markets as solutions to resource and environmental problems [J]. The Australian Journal of Agricultural and Resource Economics, 2007 (53): 129-144.

后　记

在本书即将付梓之际，我的心中感慨万千，这本书凝聚了我多年的心血。回首探索中国资源型产业在环境规制影响下的绿色技术创新的研究过程，既曲折，又充满意义。仿佛昨日才刚刚起步，如今却已行至阶段性的终点。

资源型产业作为我国经济的重要支柱，长期以来，在推动经济增长、保障能源资源供应等方面发挥着不可替代的作用。然而，随着资源环境问题日益凸显，其面临的可持续发展挑战也愈发严峻。如何在环境规制的约束下，实现资源型产业的绿色技术创新，既是时代赋予我们的重大课题，也是我投身此项研究的初心与使命。

在研究过程中，我犹如一名初生的婴儿，在浩瀚的学术文献与复杂的现实数据中迷茫困惑，艰难跋涉。每一次对政策文件的深入解读，每一次调研与访谈，每一次细致剖析现实数据，都让我更加深刻地认识到资源型产业绿色技术创新与产业绿色转型的多面性与复杂性。环境规制并非简单的限制与约束，而是一把"双刃剑"，在给资源型产业带来成本上升、技术升级等压力的同时，也为其创造了绿色发展的机遇与动力。而绿色技术创新则是资源型产业突破困境、实现绿色转型升级的关键钥匙。

在探寻这把钥匙的过程中，要感谢我的导师于立宏教授对我的谆谆教诲与耐心指导，感谢师门师兄弟姐妹们对本书写作的大力支持与帮助，感谢同行学者们的研究、交流与互动，让我得以站在更广阔的视角开展研究，他们的研究成果和研究见解如同一盏盏明灯，照亮了我前行的道路。

如今，本书即将问世，是我研究工作的阶段性成果，这是一个新的起点。但中国资源型产业的绿色技术创新之路依然漫长，任务仍然艰巨，还有许多问题等待着我们进一步深入研究和探索。例如，如何加强环境规制与其他政策的协同配合，形成推动绿色技术创新的合力？如何在绿色技术创新过程中更好地兼顾经济效益与环境效益？如何兼顾不同环境规制工具对绿色技术创新的长短期效应等？这些都将是未来研究的重要方向。

  本书的完成是多方支持的结果，感谢审稿专家与编辑团队提出的宝贵意见，你们的严谨和细致使得本书更加完善。希望本书能够为中国资源型产业可持续发展提供一些有益的参考和借鉴。同时，也期待在未来的日子里，能够看到资源型产业在绿色发展的道路上迈出更加坚实的步伐，实现资源、环境和经济的和谐共生。